JN094000

How-nual　Shuwasystem Industry Trend Guide Book

図解入門
業界研究

最新

ファッション業界の動向がよ～くわかる本

業界人、就職、転職に役立つ情報満載

大枛 勝 著

秀和システム

●注意

(1) 本書は著者が独自に調査した結果を出版したものです。

(2) 本書は内容について万全を期して作成いたしましたが、万一、ご不審な点や誤り、記載漏れなどお気付きの点がありましたら、出版元まで書面にてご連絡ください。

(3) 本書の内容に関して運用した結果の影響については、上記(2)項にかかわらず責任を負いかねます。あらかじめご了承ください。

(4) 本書の全部または一部について、出版元から文書による承諾を得ずに複製することは禁じられています。

(5) 本書に記載されているホームページのアドレスなどは、予告なく変更されることがあります。

(6) 商標

本書に記載されている会社名、商品名などは一般に各社の商標または登録商標です。

はじめに

今、ファッション業界への就職や転職を考えているけど、川上・川中・川下の業界構造が複雑で、とりあえず、何から勉強したら良いのだろうか?と困っている方へ。また、ファッションが好きで、業界の仕事に携わっていて毎日は楽しいけれど、最近の世界情勢を見ていたら、ファッション産業でこのまま仕事を継続していて本当に将来は大丈夫なの?という悶々とした悩みを抱えている方へ。

少しでも解決の糸口が見つけられるような、気持ちが晴れるような内容にしようと思いこの本を書き上げました。

内容的には、ファッション業界内の多岐に渡る疑問や問題、中には基本的な事柄に対して、私なりの意見として書かせていただいています。場合によっては、私と同じような経歴を持つ人とは全く異なる視点から、そんな捉え方もあるのか?という答えになっているセクションもあると思います。そこは、多様性ということでご理解いただき、参考にしていただけましたらありがたいです。

この先のファッション業界を、今の厳しい国内事情だけを見て決めないようにしてください。世界のファッション産業はまだまだ成長産業です。日本のファッション産業にとっても成長チャンスが待ち構えています。国内素材産業は世界的ハイブランドからの引き合いが強く、さらに発展し続ける産業です。小売業分野でも、ゆくゆくはファーストリテイリングが世界一になるでしょう。その時には、日本企業のモノ作りの良さが、改めて世界的に再認識され、日本のアパレル企業が海外で活躍するチャンスが訪れます。

「チャンスが訪れた時に確実にその分野で飛躍できる準備ができていることを『ラッキー』という」そんなセリフをはるか昔に見たテレビドラマの中で聞いたことがあります。今が、その時です。間違いなく訪れるファッション業界飛躍のチャンスに向けて、本書を参考に準備をしてください。そして、訪れるチャンスを確実に活かしてください。

ファッションが好き過ぎてたまらない。そんな私が婦人服専門小売業への就職から30数年間で経験したこと、見聞したこと、少しでもお伝えできればという思いを、どうぞ最後までお読みください。

2023年4月　大极　勝

How-nual 図解入門 業界研究

最新ファッション業界の動向がよ〜くわかる本

●目次

第7章 ファッショントレンドの移り変わり

第8章 販売チャネルの多角化が及ぼす影響

第9章 接触機会の多様化と売上げの関係

第10章 アパレル業界を支える主役たち

第11章 ファッション業界のSDGsと未来

Data 索引

第1章

ファッション業界の現状分析と動向

日本のファッション市場規模は、乱高下と言われるような極端な変化は起きてきませんでしたが、コロナによって、業界関係者は未曾有の経験をすることになりました。この章では、コロナ禍後の市場の概要を解説します。

How-nual
図解入門
業界研究

1 世界的には成長産業のファッション業界

人工減少と少子高齢化が進む日本では、65歳以上の人口構成比が2020年で28・8%、30年で31・2%、50年で37・7%と予測され、各種産業での市場縮小と新規開拓が課題になっています。

●日本とは逆を示す世界の人口動態

人口減少が止まらない日本とは逆に、世界的な人口動態は、確実に増加傾向にあります。2020年に約78億人が30年には85億人、50年には97億人という予測がされています。**高齢化率**＊においても、現在の日本は欧米、アジアと比較して突出しています。

2050年には40%を超える予測の中国に抜かれ、2位ではありますが、依然として、高い高齢化率には変わりありません。

2050年の各国高齢化率予測では、インドネシア、インド、フィリピンなどアジア地域が20%未満。欧米でもドイツを除いた他の諸国は30%未満。それぞれの生産年齢人口を逆算してみると、アジア各国はもちろん、欧米諸国においても、まだまだ市場規模が縮小せずに、伸びていくものという予測ができます。

特に現在のファッション製品の生産国が多いアジア圏においては、将来有望な**ファッション消費国**へと育っていき、ファッション人口が増加していくことが予測されます。それは、過去生産国だった国のイタリア、日本、韓国、中国がそうであったように歴史が証明している通りです。若い世代は比較的ファッションに対して関心が高い傾向にあるのは、いつの時代も変わりません。まだまだ、世界的にはファッション産業は成長を続けていくことが予測されます。

●日本のファッション産業の未来は

人口減少と高齢化のダブルパンチを受け、市場規模

用語解説

＊**高齢化率**　高齢者人口÷（総人口－年齢不詳人口）×100＝高齢化率。この計算式で毎年統計をとっています。高齢者とは65歳以上の人口をさします。

が縮小していく日本国内で、ファッション産業は、何ができるでしょうか。また、日本とは逆の傾向で、まだまだ市場の成長が見込まれる世界各国に対して、どのような取組ができるでしょう。

すでに3人に1人が高齢者になりつつある国内市場では、医療関連、介護関連の産業へ向けた商品の開発が急がれます。それは、医療従事者、介護従事者側だけでなく、患者や、要介護者にとっても快適性や運動性など日本のアパレル産業が得意とする機能性の付加に、ファッション性を伴うウェアがあれば世界市場でも大きな需要が見込まれます。

内閣府の調査によると、高齢者の女性の7割、男性の5割が「おしゃれをしたい」と答えています。さらに恋愛中または恋愛をしたいという独身高齢者も多く存在しています。アクティブなシニアにはベーシックだけでは物足りません。**海外シニア**に見られるような人生を楽しむためのファッション性を意識したカラーやデザインの提案も必要になってきます。どこよりも先に経験する高齢化社会を活かしたファッションを世界戦略として発信するのはもはや使命といえます。

日本の高齢化の現状と未来像

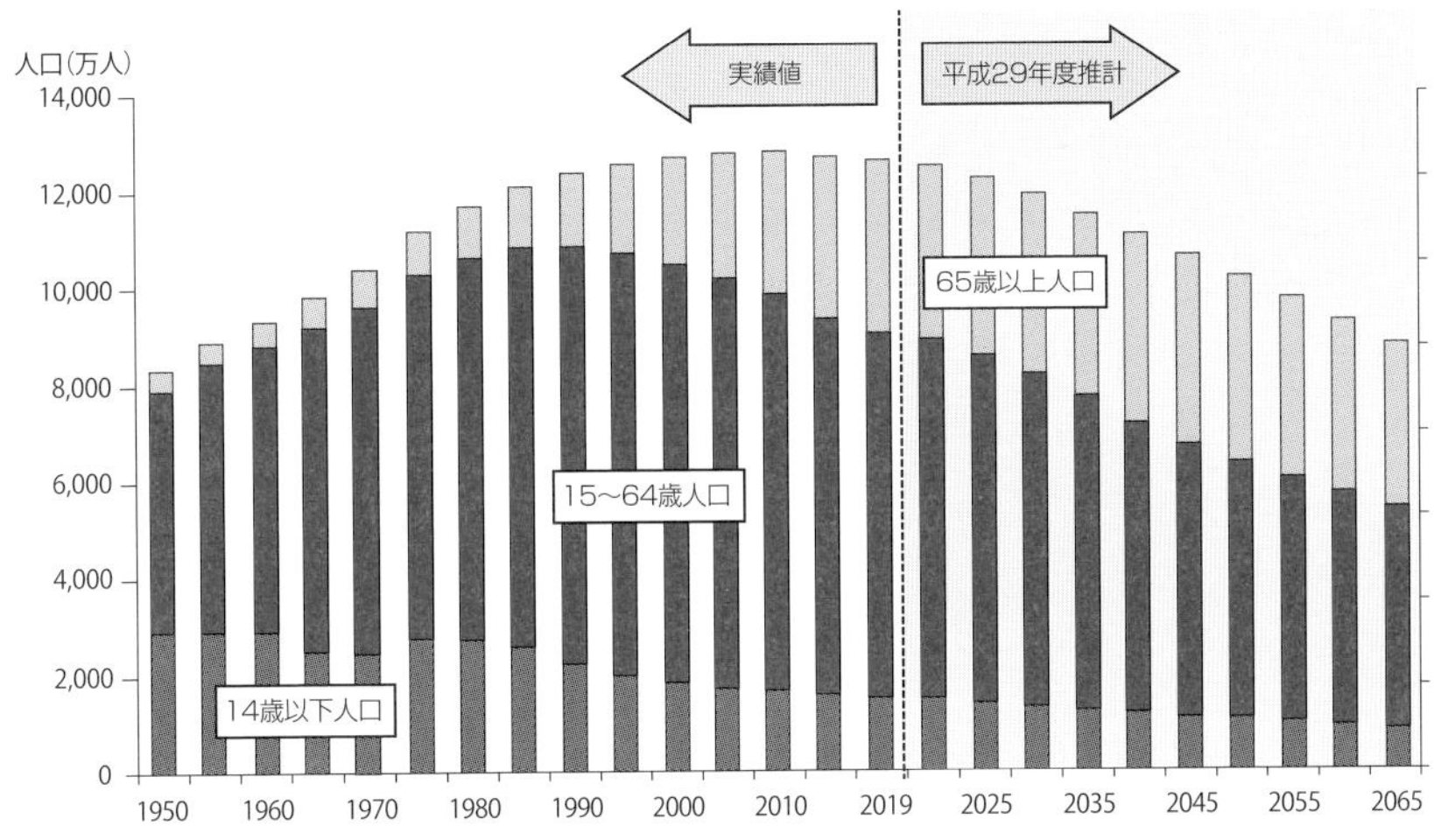

出典：厚生労働省「人口動態統計」をもとに筆者が編纂

2 急速なネット展開を経験してのリアルは

本来であれば徐々に進むはずであったネットへの取り組みが、コロナ禍の影響で一気に加速、現実化。リモート化したファッションショーや販売。経験したからこそ見えてきた求められるリアルの方向性。

●業界関係者だけのものから広く世界へ

ファッション業界も他の業界と同様にコロナ禍直後には世界中のコレクションはリアル開催を中止しました。その他の素材展や各種展示会も軒並み中止になり、それぞれが動画配信やネットで商談対応するというのが精一杯でした。リアルだからこそ感じることができたブランドやデザイナーから発信されるメッセージ。素材本来の質感、本当の色、そして一番重要な会場内の熱気は伝えられることなく、画面上で淡々と世界中のバイヤーや各メディア担当者へ流されることになりました。その代わりに起きた現象が、それまで関係者や一部のセレブリティ、ファンにだけ伝えられていたファッションの詳細を世界中の誰もが画面を通じて見ることができるようになったことです。各ブランドのファッションショーが関係者の商取引の場所から、一般消費者も閲覧できるブランド紹介の場所に変わりました。

●2022年コレクションの真実から

2022年を迎えて、各都市で開催されるコレクションはリアル開催、またはリアルと動画配信のハイブリッド型になりました。**WWD**＊2022年2月21日号に掲載の村上編集長と藪野欧州通信員のコレクション報告をそのまま転載します。「**ファッションウィーク**＊（＝コレクション）も淡々と行われ、、ブランド側のリアルorデジタルの議論は終わり、『やっぱり

用語解説

＊**WWD**　「WWDジャパン」は、1910年にアメリカの出版社フェアチャイルドが創刊した「WWD（Women's Wear Daily）」の日本版として誕生。業界関係者から業界を目指す学生や流行に敏感なファッションに関わる全ての人に向けた週間情報紙です。

リアル』なんだよね。」とあります。さらに「デジタル配信で開かれた**コレクション**を目指していたけれども、結果はそれほど思わしくなく。コロナ禍に入った時は「ファッションシステムを再考すべき時」と皆が声を上げましたが、『結局、何も変わっていない』というのが現地での印象」と。そして、村上編集長の結びの言葉は「年に2回、社会に則した自分たちの考えを問いかける機会としてのシステム（=リアルのファッションショー）は結構いいんじゃないかと思ってきました。」と。藪野通信員も「長年続いている意味は、あるんだなと思いますね」とまとめています。

　私は30年以上、ファッション業界に携わってきました。あくまで私見ですが、初めて袖を通した時の喜びや、ここぞという時の一枚。そういう経験を一度でもしたことがる限り、どれだけデジタル社会が発展しても、すべてのシーンでリアルを超える体験は無いはずです。それがこの先のファッション業界の出す答えだと思っています。

以前のリアルな雰囲気が復活

用語解説

＊**ファッションウィーク**　ファッションショーのうち、特に約1週間 にわたって開催されるファッション業界のイベントです。最も有名なのは世界4都市（ミラノ、パリ、ニューヨーク、ロンドン）で開催されるファッションウィークで、世界四大コレクションと呼ばれています。

3 コロナが浮き彫りにしたブランド力の違い

コロナ禍においても、ハイブランドの売上げは落ちるどころから、予想以上の右肩上がりを見せました。また、ファストファッションも同じ状況を示していて、二極化がさらに進んでいると考えます。

●コロナ禍で最高売上のハイブランド

海外、国内を問わず、**ハイエンド**＊商品を好む富裕層は移動制限で使うことのなくなった海外旅行費用をブランド品購入に充てているといわれています。各国で業績が厳しいと言われる百貨店でも、いわゆる高級ブランド品はどこも富裕層の来店で好業績であることが報告されています。特にフランスに拠点がある高級ブランド世界最大手の**LVMH**＊（モエ・ヘネシー・ルイ・ヴィトン）の2021年12月期決算は、売上高前年比44％増、642億1500万ユーロ（約8兆2600億円）と過去最高を記録しています。

●コロナ禍とファストファッション

一方でファストファッションといわれるスウェーデンのH&MヘネスＡアンド・マウリッツやZARAブランドを中心にしたスペインのインディテックスはどうでしょうか？ H&Mは2021年12月～22年5月の上半期決算は前年同期の損失計上から一転して増収増益を果たしました。売上高前年比19・7％増の約1036億7000万スウェーデンクローナ（約1兆3477億円）、営業利益は99・9％増の54億4600万スウェーデンクローナ（約707億円）、純利益は129・7％増の38億9900万スウェーデンクローナ（約506億円）でした。好調要因としては、定価での販売強化と、値引きの減少、ECも好調だったこと、そ

用語解説

＊**ハイエンド**　「最高級」のを表す言葉。品質や性能、価格など様々な面でこだわりを見せるハイクラスの商品が該当します。また高級志向のブランドを指す場合もあり、その傾向やコンセプト自体をハイエンドと呼ぶケースもあります。

して実店舗への客足が増加したことを挙げています。

また、インディテックス社の2022年1月期は、277億1，600万ユーロ（約3兆5，753億円）35・8％増と2ケタの増収でした。営業利益は42億8，200万ユーロ（約5，523億円）184・1％増と大幅な増益を達成。純利益も32億4，300万ユーロ（約4，183億円）193・2％増と増益を達成しました。3つの指標はいずれもコロナ禍の影響を受けていない一昨年2020年1月期）の実績にはわずかに届かなかったとはいえ大健闘しています。全社的な店舗数減少にもかかわらずオンライン売り上げが健闘。ZARAブランドにおいては2019年実績をも上回るという大健闘で社の牽引役になりました。

ルイヴィトンを代表とする世界的有名ブランドや、**H&M**や**ZARA**のような世界有数のファストファッション。対象顧客は全く異なる業態ではありますが、コロナ禍においては、通常以上に顧客への特性を活かしたアプローチを継続することで、結果的には更なる顧客の囲い込み、強固な関係作りが構築できたといえます。

ハイブランドの店舗

LOUIS VUITTON
LOUIS VUITTON
ハイブランドは
安定経営が続く

用語解説

＊**LVMH（モエ・ヘネシー・ルイ・ヴィトン）**　ルイ・ヴィトン、クリスチャン・ディオール、ティファニーといったブランドを傘下に持つフランス・パリを本拠地とするコングロマリットです。ユーロネクスト・パリ上場企業。リシュモン、ケリングと共に御三家コングロマリットと言われています。

4 ECの売上増もリアル店舗があるからこそ

2020年からのコロナ禍で、多くの産業がEC対応にシフトチェンジを迫られました。アパレル産業も例外ではありません。しかし、その中でも実店舗に対する新たな発見があったことも見逃せません。

●ECを伸ばすのも、実店舗が大事

コロナ禍の影響で、アパレル産業の構造が変わる中、実店舗に強味があるのか。日経MJ紙の連載記事から日本を代表するセレクトショップの社長のみなさんの意見を引用します。

「ユナイテッドアローズ」竹田光広社長

コロナ禍の影響でわかったことはという問いに対して「コロナ禍で店舗を臨時休業していたころはECが伸びたが、その後に（実店舗の）営業を再開すると客足がぐんと伸びた。店舗で話したい、接客されたいというニーズを再確認した」「消費者はリアルの高揚感をネットに求めている。コロナ禍ではSNSなどを活用した発信が増えたが、販売員の強みは顧客とのコミュニケーション力だ。インフルエンサーは自らスタイルを示して共感を得ることが得意だが、販売員であれば顧客の悩みを訊いてニーズに応じた（その場の）提案が可能だ」ECの未来については「今はウェブ接客は1対100だが、店頭では1対1が強みである。将来は1対1の接客をNETで実現させたい」と話され、ウェブ上も**実店舗***でも、「リアルから得られる感触」が重要と応えています。

「ビームス」設楽洋社長

コロナ禍の影響で、実店舗はどう変わっていくでしょうかという問いに対して、「セレクトショップはアイドル劇場のようなものになるだろう。社員が**インフ**

用語解説

***実店舗**　現実店舗のことをさす。実際に店舗に商品を並べ、主に対面販売により、商品を売っている店舗。商品を実際に手に取り、商品の仕様を試すことができる店舗のことです。

ルエンサー＊、スターになることで個人のファンがたくさん付く。顧客は彼や彼女たちに会うために来店する。スターとコミュニケーションができる場所、店舗はそういう場になっていく」、また「現場の発信が売上高に与える影響は大きい。顧客はスタッフの投稿やブログからビームスのネット通販を訪れ、商品を購入している。自社サイトの売上高の7割がこうした流入によるものだ」と、さらに「ファッション業界で今後生き残っていくのは、専門性を極めてその道のプロになる人材か、幅広く難にでも興味を示してトレンドをつかむ人材。2種類の天才だと思う」とこの先の生き残り策も示されています。

「ベイクルーズ」杉村茂社長

セレクトショップでも、実店舗からのECへの完全なシフトが進むのでしょうか、という問いに対しては「それはあり得ない。（当社が）ECに先行して取り組んできた経験があるからこそ、ECだけではダメだということがわかってきた。実店舗がない地域では、店舗があるところに比べてECの伸びが悪い。セレクトショップでは認知度を高めるためにもやはり店舗が大切だと思う」。出店戦略の見直しに関しては、『人が来るから店を出す』ではなく、『人を集めるためには何を出す』の考え方が重要になる」と話されています。

また、「EC利用者データから、未出店地域でもある程度売り上げが取れており、顧客がいることがわかる。その事実から2020年秋には役員らで未出店地域に足を運んだ。地方には独立した市場がありそうだという手応えを感じた。ブランドの知名度向上のためにも、今後（実店舗の）出店を進めたい。地域密着店を出せればと思っている」と、やはり実店舗の重要性を説かれています。3社の代表が異口同音に、ECを伸ばすのも、実店舗が大事と言っています。

ひとが人である限り、触れ合い、体験、感動できる場所として求める場所、それが『店舗』と言えます。

用語解説

＊**インフルエンサー**　「影響力を与えられる人」を意味します。SNSやブログなどインターネット上で多くのフォロワーに情報を届けられる存在でスポーツ選手、タレント、モデル、ブロガーなどがインフルエンサーです。仕事として、広告収入を得ているインフルエンサーもいます。

5 SDGs対応がスピードアップする環境に

SDGsへの取組を問題視されていたファッション業界ですが、コロナ禍を経過して、より多くの企業が、持続可能性を重要視するようになり、SDGsに基づいた取り組みが進められ始めてきています。

●日本のファッション産業の問題

日本のファッション業界は、もともといくつかの構造的な問題を抱えていました。長く続く経済の低迷による収入の伸び悩み。逆に重くのしかかる税負担という世情を背景に、なかなか予測がつかない冷夏や暖冬に対する売上・在庫見通し。さらに、生産・在庫問題は、大量に生産しなければ、低価格を実現できないという現実にぶつかります。一番の大きな問題は、低価格でも高品質でなければならないという日本独特の商品神話から、値上げに踏み切れない時間が長く続いてきたことです。

●不断の企業努力がSDGs実現へ

SDGsの目標公開当初は、人的にも資金的にも体力のある大手ファッショングループや、**サプライチェーン**＊だけでの対応しか考えつかない状況でした。しかし、事例のように徐々に中小の企業でも取組ができるような下地が出来上がりつつあります。

①**労働条件・環境改善への取組**
労働時間・報酬改善、生産現場の査察・安全基準の確認、環境認証取得と環境基準設定等。

②**サプライチェーンの透明性を高め労働環境の改善**
アシックスによるサプライチェーン間のコミュニケーション全般の改善でチェーン間の業務効率化実現。

③**廃棄物の削減や再利用で「ゴミにしない取組」**

用語解説

＊**サプライチェーン**　「SupplyChain」は、「供給連鎖」という意味です。製品の発注から配送・販売など、消費者の手に届くまでの製品の流れと、消費者から企業側へと流れていく購買傾向や売り上げ予想といった情報の流れの2つを合わせた一連のプロセスを指します。

倉敷紡績による、デニム生地クズ回収、糸へ加工、染色、生織、生地化してエドウィン等へ販売。

④テキスタイルリサイクル

伊藤忠商事による、使用済み衣類回収から繊維素材へ再生。さらに衣類化、回収、再生をくり返す。

⑤デッドストックの再利用

アダストリアによる、大量在庫や売れ残り商品の回収と黒色への再染色化による再販売。

⑥ペットボトルリサイクル

東レによる、回収したペットボトルを再生繊維としての最利用。

●SDGs取組・解決の後に

もともと、世界中でファッションに携わる企業は、ヨーロッパを中心として中小企業が多く、彼らのモノ作りへの地道な研鑽と、業界を大きく反映させようとした協力、努力の結果が、今のような華やかで大きな世界観を創り上げました。SDGsへの取組と解決を通して、新たな世界観を広げたファッション業界の繁栄が期待されています。

国連が定めたSDGs17のゴール

▲ファッション業界もSDGsを強く意識しなければ生き残れない

column

アフターコロナでもオンライン販売が加速

新型コロナウイルス感染拡大により、多くの店舗が一時的に閉店を余儀なくされたことから、オンライン販売が一層拡大しました。また、自宅で過ごす時間が増えたことで、オンラインでのショッピングがより身近なものになり、消費者のオンラインでの買い物への意欲が高まっています。

●デジタル技術の活用

オンライン販売の拡大に伴い、デジタル技術の活用が進んでいます。例えば、バーチャル試着やAR技術を活用したコーディネート提案など、顧客体験を向上させるための技術が導入されています。

●サステナビリティへの取り組み

2020年代に入り、サステナビリティに対する消費者の関心が高まっています。多くのブランドが、環境に配慮した商品や取り組みを行うようになっています。また、フリマアプリやリユースショップなど、中古市場が拡大していることも、サステナブルな消費につながっています。

●ファッションとテクノロジーの融合

ファッションとテクノロジーの融合が進んでいます。例えば、スマートウェアやウェアラブルデバイス、AIを活用したデザインや生産など、テクノロジーを活用した新しいファッションが生まれつつあります。

●変化する消費者の価値観

消費者の価値観も変化しています。例えば、オンラインでの買い物が増えたことで、消費者はより快適なショッピング体験を求めるようになっています。また、コロナ禍を経験したことによって、健康や安全に対する意識が高まり、ファッションにもその影響が出ています。

リユースの古着ショップも人気が高い▶

第2章

国内市場は激動の10年だった!?

日本のファッション業界のこれまでの10年は、トピック的な出来事が多い期間でした。海外参入ブランドの撤退と再参入、コロナ禍を好機としたユニクロ、新規の顧客開拓の中心であるZ世代の登場、シニア層市場のシュリンクなどです。

How-nual
図解入門
業界研究

1 海外アパレル撤退要因は日本の市場性か

世界市場の売上の多くを日本国内と海外旅行先の日本人の爆買いという時代がありました。その流れで次々と海外ブランドが日本上陸。特殊な市場性は体力と付加価値のあるハイブランドを存続させました。

●日本撤退を余儀なくされたわけ

日本に上陸して10年以上にもなる多くの海外有名ブランドがここ数年で撤退を余儀なくされています。2015年1月に英トップショップ、2016年11月に米アメリカンアパレル、2017年1月には米オールドネイビー、2019年10月に米フォーエバー21、同12月に米アメリカンイーグルアウトフィッターズ、そして2021年12月には、ついにエディバウアーまでもが撤退しています。

各ブランドの撤退理由としてはそれぞれ、日本国内での本社機能の欠如、チェーン展開の少なさ、本国での経営難や競合他社の影響、流行遅れ等の個別要因はあります。その後のアメリカンアパレルのように新体制での展開や、ECサイトでの復活はあっても、どのブランドもリアルでの復活や再上陸は見えていませんでした。むしろ、オールドネイビーの親会社である米**GAP**＊のように、すでにマルイシティ横浜店や三宮店などの10店舗以上を閉店しているブランドもあり、今後の日本国内での動向が懸念されます。海外のファッション企業にとってはひと頃のような魅力＝購買力が日本市場には見い出せなくなってきたということになります。とりわけ、**ハイブランド**よりもカジュアルスタイルを中心にした上記のようなブランドにとっては、商品的にも経済的にも対応困難な再上陸が厳しい市場といえます。

用語解説

＊**GAP**　サンフランシスコで、ジーンズ専門店として設立。世界中で約4000店を持つ、企画、生産、販売まで一貫して行う定番アイテム中心のブランド。他に、オールド・ネイビーとバナナ・リパブリックといったブランドを展開しています。

●多くの日本人が好む商品特性とは？

カジュアルスタイルが中心になってきている今だからこそ、海外ブランド商品と日本の商品に大きな差が目立ってきてしまっています。多くの日本人にとっては、仮にカジュアル＝単価の低いモノであったとしても、そこには十分な品質や機能性、快適性を求める国民性があります。その要望に応えてきているブランドがお手頃価格で高品質のユニクロ、廉価でも十分な品質のジーユー、同じく廉価でも高機能商品だらけのワークマンです。海外ブランドがこれだけの特性をカバーできるかというのが次回上陸の課題です

●失われた20年ではなく　30年の経済

グラフが示すようにＯＥＣＤ（経済協力開発機構）調べでは、１９９０年以降の主要先進国の伸びが上昇カーブを描いているのに日本の平均賃金はほとんど変わりません。加盟する35カ国の中で22位という下位に位置しています。30年間で日本がわずか18万円増の約４２４万円に対して、アメリカが２４７万円増の約７６３万円。お隣の韓国にいたっては１・９倍の上昇で４６４万円になり、日本よりも38万円多いという結果が出ています。このような状況では一部の富裕層が好むハイブランドは存続できますが、**一般生活者**＊が求める価格以上の付加価値を提供できないブランドにとっては今後も厳しい市場です。

主要国の平均賃金（年収）の推移

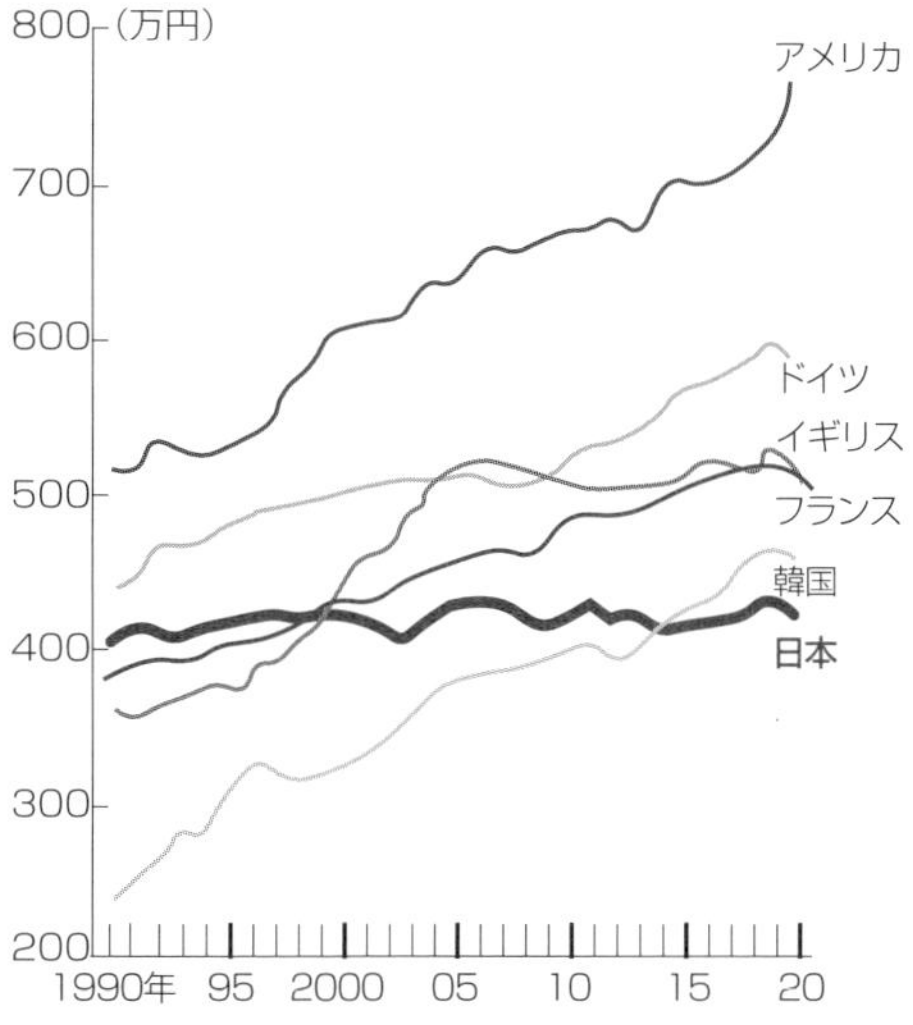

出典：OECDの資料を元に筆者編纂

用語解説

＊**一般生活者**　社会学、経済学などの分野で使用され、時間と金銭等に自らの必要に応じて多様な価値観を持って、多様な生活行動をする人のことです。（P122で詳細を解説）

2 異例のスピード再上陸から見えるのは？

カジュアル市場は、ハイブランド市場と比べれば、マーケットは大きく、製品作りにおいてもシンプルで参入がしやすいという利点があります。果たして、そこは撤退と再参入もしやすいのでしょうか。

アメリカ発の「**フォーエバー21**」が、23年春に再上陸し、伊藤忠商事がマスターライセンシーを取得しました。アダストリアの子会社が伊藤忠とサブライセンス契約を締結。2月にアダストリア自社ECサイト「ドットエスティ」で販売を始め、4月に関東、関西のショッピングセンターに実店舗をオープン。大量生産・大量消費・大量廃棄を助長するファストファッションの象徴的イメージだったフォーエバー21が、「トレンド&ハイクオリティへの転換」をテーマに再上陸。初年度は、婦人服と服飾雑貨に絞り、すべてを輸入に頼っていた前回ビジネスモデルと正反対に、商品の8割がアダストリアによる日本企画。残り2割はアメリカで企画された商品を販売。日本マーケットにローカライズしたファッションを展開するとしています。

●ポイントはローカライズにあり

日本のカジュアル市場で定着するためには、ユニクロというアパレル世界第3位のガリバー的存在を意識しないわけにはいきません。手頃な価格に加えて高品質、そして、豊富なサイズ展開というこの3点をクリアすることが日本における**ローカライズ***といえます。

アメリカンイーグルアウトフィッターズ（19年撤退）が早くも22年10月に渋谷と池袋に直営店を再上陸し、日本に合わせたローカライズで最大限応えていくとしています。前回の撤退要因と思われる問題点は、ユニクロより高いのに品質感は格段に見劣りする点と、日本人体型に合わないサイズ感です。どこまで解消しているのかを問われています。

用語解説

***ローカライズ**　作られた国とは異なる言語圏の国や地域（local）でも利用できるようにすることです。ローカライゼーション／ローカリゼーション、L10N、地域化などともいいます。

「エディー・バウアー」も23年秋冬シーズンに再上陸(21年5月撤退)。**マスターライセンシー**＊は伊藤忠、岐阜のアパレルメーカー水甚がサブライセンシーとなって事業展開。エディー・バウアーのイメージが強くない20代～30代の若者やファミリー層への訴求を中心に展開。「過去のカジュアルラインではなく、本国のブランドイメージを活かして、より高付加価値のアウトドアラインでアプローチする方針。」（水甚・中村社長）としています。異例ともいえるスピード再上陸を果たした各海外ブランド。その戦略の成否が注目されます。

日本に再上陸する海外ブランド

AMERICAN EAGLE
アメリカンイーグル
が 2022 年 10 月
池袋東口にオープン！

用語解説

＊**マスターライセンシー**　海外のブランド企業と交渉し、複数の商品を束ねて契約し、それらのブランドの日本市場における窓口企業を指します。

3　「不要不急」を追い風に変えたユニクロ

2019年末から3年以上にわたる「コロナ禍」により、世界の人々の生活に大きな変化がありました。不要不急の外出制限であらゆる企業が疲弊していく中、更なる成長の機会としたのがユニクロです。

●「不要不急」時の「必要火急」ブランド

「服を変え、常識を変え、世界を変えていく」というファーストリテイリングの企業理念のもと、その基幹ブランドであるユニクロには「Ｌｉｆｅ　Ｗｅａｒ」という重要なコンセプトがあります。そこにあるライフウェアの考え方は、これまでの服の概念を根底から変える、まったく新しい「究極の普段着」であると表現しています。

この長年にわたる「究極の普段着」への取り組みが誰もが必要とする「生活必需品」として認識され、他のファッションブランドとの差別化を明確にしました。世界中でパンデミックによる「**不要不急***」時の外出規制が発出された状況下で売上が伸びたのが、ラグジュアリーブランドとユニクロです。ラグジュアリーブランドにおいては、その顧客である富裕層の資金の使い道が、それまでは「不要不急」時の最適事例のような海外旅行から、各国内でのブランド買いに向けられたと言われています。

ユニクロにおいては、期限の見えない外出禁止令によって、スーツを着なくなってしまった人たちのカジュアル過ぎないリモートワークウェアとして。さらに待機中のリラックスウェアとしての需要増が、世界中での出店加速、売上増に結び付きました。外出規制やマスク着用に関してあれほど厳しい日本国内においてユニクロ店舗の毎日の盛況ぶりに驚いた人は多いはずです。まさに、「究極の普段着」＝「**必要火急***」ブランドが体現化されたようでした。

用語解説

＊**不要不急**　行政等から国民に対して行動の自粛を要請する場合によく使われ、「広辞苑」によれば、「どうしても必要というわけでもなく、急いでする必要もないこと」ということです。

●トレンドに左右されないという強味

世界的**ラグジュアリーブランド**ならば世相や経済状況に関わらず、それぞれのブランドの主張は根強いファンに支えられ、安定した売上が確保されています。中間層のマスマーケットを狙ったブランドは、各ブランドが流行のファッションで競合し、さらに世相や経済状況によって売上に影響が出てしまいます。

逆に、流行をそれほど意識しない、生活必需品としてのブランドならば売上への影響は少ないということになります。常に比較される世界的な3大ファッションチェーンの、長引くコロナ禍での決算数字が出揃いました。片や常に流行を意識し、発信を続けているスペイン発のZARAとスウェーデン発のH&Mの2社。片や究極の普段着を追求する日本発のユニクロ。3社の売上高順位こそ、まだ変化はありませんが、ファッションの世界で、日本発の究極の普段着を提案し続ける企業が世界のトップに迫ろうとしているのです。

世界各社の売り上げ

ブランド名	国	決算月	売り上げ（概算）
ZARA	スペイン	2023年1月	4兆5500億円
H&M	スウェーデン	2022年11月	2兆6800億円
ユニクロ	日本	2022年8月	2兆5000億円
GAP	アメリカ	2022年1月	1兆9300億円
カルバンクライン/トミーヒルフィガー	アメリカ	2022年1月	1兆0600億円
NEXT	イギリス	2022年1月	7200億円
アメリカンイーグルアウトフィッター	アメリカ	2022年1月	5800億円
ラルフローレン	アメリカ	2021年3月	5100億円
アバクロンビー&フィッチ	アメリカ	2022年1月	4300億円
エスプリ	香港	2021年12月	1200億円

出典：ファーストリテイリングIR資料を基に筆者編纂

用語解説

＊**必要火急**　火のついたように、さし迫った状態にあり、急いでする必要があることで、不要不急の対義語です。

4 「究極の普段着」が世界一になるとき

世界中のブランドがECへの取り組みに躍起になる中、出店攻勢を仕掛けていたのがユニクロです。Eコマースで購入したお客様の約4割が、店舗で商品を受け取っているという相乗効果を重視したのです。

●「服のインフラ」を世界の人々へ

ファーストリテイリングの柳井会長兼社長が2009年度連結売上高6、850億円の決算発表時に、2020年度の構想として、その7・3倍にあたる連結売上高5兆円を掲げました。「Life Wear(究極の普段着)」という、より快適で質の高い生活を実現するための「服の**インフラ***」を世界中の人々に提供するという使命。その実現のために売上高世界一のファション企業にするという目標です。国内では駅近辺や百貨店に出店。海外では中国で継続的に年100店の出店を目標に、東南アジアの進出国を増やし、欧米では大都市に集中出店するというものでした。

その後の様々な事情から2016年には目標数字を3兆円に修正。結果的には、2022年度決算数字では2兆3，011億円。目標数字の3兆円へは1・3倍の売上増を。第1位のZARA4兆5，500億円へはまだ1・57倍の売上差を詰めなければいけません。しかし、ここへきて、世界第1位が射程圏内という状況になってきました。

●アジアのリアル店舗増が世界1位のカギ

ZARAのインディテックスは19年第3四半期末の7，486店(内ザラ2，139店)から22年第3四半期末は6，307店(同1，935店)と1，179店(同204店)もの減少。H&Mは4，465店とコロナ前19年の5，076店からは611店も減少して

用語解説

＊**インフラ**　生活や産業活動の基盤となっている施設。「インフラ」は「インフラストラクチャー」を略した言葉。上下水道や道路・鉄道、発電所・通信施設・送電網・ダムなど「産業の基盤となる施設」や、学校・病院・公園・福祉施設など「生活の基盤となる施設」のことを言います。

います。同時期に海外出店を続けたファーストリテイリングは19年8月期の3，589店（内ユニクロ2，196店）から22年8月期は3，562店（同2，394店）と27店減にとどまり、ユニクロにおいてはむしろ198店も増えています。

逆に**オンライン化・デジタル化**へのシフト結果は、前2社は売上の約30%。ファーストリテイリンググループ全体で18%よりはかなり先行しています。ただし、リアル店舗があってこそのEC*売上増が最も理想的展開だというのが重要です。2社とユニクロとの戦略上の違いは、2社がすでに経済の停滞している欧州・北米市場を中心に出店していることに対して、ユニクロは、これからさらに伸びるアジア市場を中心に捉えている点です。1位のZARAと3位のユニクロのアジア地域店舗数を比較すると、ZARAのアジア地域での店舗数はユニクロの3割程度でしかありません。アフターコロナで爆発的な市場になると予想される中国においては、ユニクロの4割程度です。この店舗数の差が今後の成長力の大差、1・3位の逆転劇を予感させます。

ZARAとユニクロのアジア店舗数比較

【単位：店】	2022年2月末	2022年5月末	2022年8月末	2022年11月末
国内ユニクロ事業	802	812	809	814
中国大陸	863	869	897	917
香港	30	30	30	32
台湾	69	70	69	70
韓国	128	127	122	126
シンガポール	26	27	27	27
マレーシア	49	50	51	52
タイ	55	56	56	61
フィリピン	64	63	65	70
インドネシア	46	49	49	55
オーストラリア	25	25	26	30
ベトナム	10	12	12	15
インド	6	6	7	9

出典：ユニクロ最新決算数字から

（単位：店）	2021年ZARA	2021年ユニクロ
日本	133	811
中国	337	864
香港	24	31
台湾	22	70
韓国	35	134
シンガポール	23	26
マレーシア	19	47
タイ	22	55
フィリピン	9	63
インドネシア	66	45
オーストラリア	0	25
ベトナム	2	9
インド	25	6
合計	717	2186

アジア地域店舗数の比較
出典：各社HPより筆者加工

用語解説

***EC（eコマース）** インターネットなどのデジタルチャネルを通じて商品やサービスを商品の比較から購入、決済、配送まですべてWeb上で、時間をかけず効率的に商取引する行為です。 日本語では電子商取引とも呼ばれます。

5

Z世代とファッション感

新規の顧客を開拓する場合、本来ならばブランドのターゲットとなる客層を横に広げることをしますが、日本国内では少子化の波で、それができないためにZ世代という新規ターゲットを狙っています。

●Z世代というマーケットパワー

アルファベットによる世代の名称の始まりは、カナダの小説家ダグラス・クープランド氏の著書『ジェネレーションX―加速された文化のための物語たち』で使われたのが始まりです。このX世代の1960年代半ばから1980年代生まれまでの世代を起点に、Y世代は、1970年代後半から1990年代半ば生まれ。Z世代は、1990年代半ばから2000年代終盤までの世代を指す言葉です。Z世代は、バブル崩壊後のデフレ経済下を過ごしています。リーマンショック、東日本大震災など、経済を不安定化させる局面を経験しているために、現実主義で、保守的な側面を持っています。

「デジタルネイティブ」、「SNSネイティブ」と呼ばれ、日々多くの情報に触れ、必要な情報の選別能力に長けています。ネット検索で得た情報だけではなく、各種SNSやYouTubeによる口コミ、身近な人の評判などから多角的に判断します。また、「SDGsネイティブ」でもあり、環境問題や人種差別といった社会問題への関心が高いです。さらに、コストパフォーマンスよりも、**タイムパフォーマンス***（タイパ）の重視傾向にあります。

なぜ、Z世代が世界的に注目されているのでしょう。それは、消費行動への影響力の大きいからです。国連調査統計によると、2020年時点で世界の総人口77億人のうち、32%をZ世代が占め、**ミレニアル世代***の人口比率31・5%を超えています。2025年

用語解説

＊**タイムパフォーマンス**　令和の新語で、タイパとも言われ、かけた時間に対する効果、すなわち「時間対効果」のことです。かけた費用に対する効果（費用対効果）を意味する「コストパフォーマンス」の「コスト」を「タイム」（時間）に置き換えた造語で、和製英語。

のZ世代人口はさらに増加すると予想され、その影響力を意識せざるを得ません。

●日本国内におけるZ世代マーケット

一方、超高齢化社会に突入している日本では、2022年時点で、Z世代は全人口のわずか13%です。現在の国内においては、Z世代よりもシニア世代（65歳以上）を対象に事業構築した方が短期的には成長を見込めます。どの世代でも多様な価値観や考えを持つ人がいますから、Z世代も一括りにはできません。しかし、上記にあげた大きな傾向と、著者の服飾系大学教員という環境から得た感触を簡潔に表現すると、いわゆるブランドに対する価値観や憧れは希薄です。**ネット検索**や**口コミ**から古着を探し、リメークして楽しみ、ある程度の価格までならば、安さよりも環境へ配慮した商品を選びます。いずれ訪れる、Z世代がマーケットの中心になる時を考慮するならば、川上〜川下の産業、企業の大小、価格の高低を問わず、サステナブルを意識したモノ作りへの姿勢は欠くことはできないことになります。

Z世代が多い渋谷

▲SNSにも街にもZ世代があふれている

用語解説

＊**ミレニアル世代**　アメリカで西暦2000年以降に成人を迎えた世代、あるいは社会人になった世代を指します。景気低迷期に育ったことと、デジタルネイティブであることが特徴だと捉えられることが多く、それまでの世代とは異なる価値観や経済感覚、職業観などを持っているとされます。

6 なぜシニア層は買わなくなったのか？

ファッションに対する感性を年代層だけでひとくくりにはできません。その年代層も業界や場所によって、区切り方が違います。ここでは50歳以上を大人の感性を持った人として取り上げていきます。

●私たちの趣味に合わないから着ない

①収入低下による自己投資の減少。
②地域社会の目、風習に対して目立たない意識。

団塊世代と言われる現72〜77歳が若いころに**アイビー**＊ファッションとして**アメカジ**＊やトラッド、ジーンズを経験してきました。1世代下のDC洗礼世代の現65〜71歳は、若いころコム デ ギャルソンやヨウジヤマモトといった「黒の衝撃」を経験した人たちです。このあたりから、個性を表現する手段の1つがファッションという意識が強まってきました。その下のハナコ世代の現59〜64歳や、続く、ばなな世代の現53〜58歳。どの世代も若いころからファッションには敏感のはずでした。

ところが、ファッション業界をはじめ、採り上げるファッション誌、女性誌も「ファッションは若者だけのもの」といった意識が強かったことは間違いありません。7章5で若干取り上げていますが、雑誌社においても、30代以降、40代、50代の雑誌の創刊までにかなりの苦労をしています。

新しいファッションは常に若い世代向けで、50代以降を狙ってブランドを開発・拡大しようという企業が業界内ではほとんど見られませんでした。欧米では、ファッションは、あらゆる面でゆとりの出てきた大人＝MadameやMonsieurになって楽しむものが、日本では諦めるものになっていたのです。

女性はもちろん男性も、いくつになっても装いを楽しみたいという人は大勢います。しかし、すべての人

用語解説

＊**アイビー**　1950年代にアメリカで生まれたファッションスタイルのことです。60年代には日本でも独自の文化として流行しました。「VAN」や「JUN」によって大流行しました。

が**ラグジュアリーブランド**に袖を通すことは無理な話です。ベーシックならユニクロで。無理な若づくりはイタイ。残念ながら、それ以上の要望に応えられる大人のブランドがないというのが今の大人市場での大きな問題です。

●大人が買いたいと思うシーン創出も

日本では、年齢を重ねるほど着飾って出かけるイベントが減ってしまいます。出かける機会を創出して、見合う商品を販売するのが、ファッションや**ビューティ系ブランド**の役目だと思います。自身の福岡の営業担当時代の体験です。ある百貨店の外商担当者が主催する、ホテルで「ワインを楽しむ会」に何度か参加しました。そこでは、割と高齢と思われる女性達が、着飾ってワインと会話を楽しんでいました。なんとも人生を謳歌しているという雰囲気でした。つながりが消費を生み出すという現場を目の当たりにした時です。

ファッションには、人の気持ちを高揚させ、豊かにし、優しくする力が宿っていることの証です。

各世代別の顧客分類一覧

大分類	世代名	年齢	呼称	生まれ
シニア	グランドシニア	75歳以上	老年期	～1947
	シニア	65～74歳	高齢期	1949～1958
アダルト	ミドル	55～64歳	最生期	1959～1968
	アダルト	40～54歳	成熟期	1969～1983
	トランスアダルト	30～39歳	育児教育期	1984～1993
ヤング	ヤングアダルド	25～29歳	有職独身・新婚期	1994～1998
	ヤング	19～24歳	大学・有職独身期	1999～2004
	ピュアヤング	16～18歳	高校生	2005～2007
チャイルド	ローティーンズ	13～15歳	中学生	2008～2010
	スクール	7～12歳	小学生	2011～2016
	トドラー	3～6歳	幼児	2017～2020
	ベビー	0～2歳		2021～2023

（筆者調べ）

用語解説

＊**アメカジ**　「アメリカンカジュアル」の略称。アメリカ的な合理主義による大量生産が可能なスポーツウェアであるカレッジTシャツやワークウェアのデニムパンツなどで構成されるファッションです。

column

ファストファッション業界の現状

ファストファッションは、低価格で流行に敏感なファッションアイテムを提供することを目的として、素材や生産方法を犠牲にして高速生産を実現するビジネスモデルです。このファストファッションの現状と対策は次の通りと考えます。

●環境問題

ファストファッションは、大量生産と大量消費を前提としているため、環境に悪影響を与えている場合があります。化繊素材を使用することが多いために、石油資源の消費や二酸化炭素の排出を増加させます。また、生産過程での廃棄物の排出や大量の不良品の処分も問題となっていますが、SDGsの観点から、各メーカーがこの問題排除を企業努力の最優先事項としています。

●労働問題

ファストファッションの生産は、低賃金労働者を多用することが一般的であり、労働環境や待遇が悪いという問題があります。また、人権侵害や児童労働などの問題も指摘されています。世界の業界団体がこの問題解決に尽力しているのも事実です。

●品質問題

ファストファッションは、高速生産を前提としているため、品質面での問題もあります。短期間での生産を追求するため、素材や加工方法に妥協することが多く、製品の耐久性やフィット感、色落ちなどに問題がある場合があります。この部分の問題を解消すべく、世界のメーカーが日夜努力しているのも現状です。

●フェアトレード・サステナビリティ

近年、ファストファッションに対する批判が高まり、ファッション産業全体がフェアトレードやサステナビリティを重視する動きが広がっています。素材や生産方法、労働環境などに配慮した商品を提供することで、社会的な信頼性を高め、競争力を維持することが求められていて、それにいち早く対応しているメーカーもあります。

以上のように、ファストファッションは、低価格や流行に敏感な商品を提供する一方で、環境問題や労働問題、品質問題などの問題も抱えています。

第3章

ファッション業界の10年先の経営戦略

ファッション業機の販売チャネルは、この先どのように多様化していくのでしょうか。ECサイトの発展とリアル店舗との関係、百貨店を代表とする大型店舗の存在、ECにおけるプラットフォームの選択などが山積しています。

How-nual
図解入門
業界研究

1 リアル店舗とネット店舗の関係性は？

市場の急激な変化により、ネット展開していた企業は予想以上の速さで拡大戦略を、未展開だった企業は、急遽ネット対応をスタートさせ、各社とも相互補完性を探りながら、その成長を睨んでいます。

●リアルとネットの相互補完性は？

アフターコロナ＊におけるリアル店舗とネット店舗の売上についての関係性は、**オムニチャネル戦略**の採用によって、リアル店舗とネット店舗を補完し合うことが可能になります。より多くのお客様へ、サービスをもれなく迅速に提供することができるように変化してきています。例えば、「ショールーミング」というリアル店舗で実際に商品を試着したり、触れてから、ネット店舗でゆっくり時間をかけて購入するという購買行動が可能になっています。仮に、店頭に希望するサイズやカラーの在庫が無かったとしても、近隣の店舗や商品センターから、すぐに手元に届けられます。逆にネットで商品を購入した後、想像していたものと違えば、リアル店舗で返品・返金や商品交換をすることも可能になります。

●相互補完性がマイナス要因になる時

リアル店舗とネット店舗の関係には、マイナス要因も存在します。「**ショールーミング**」形式で、リアル店舗で商品を試着後、オンラインで安い価格で購入するという購買行動が挙げられます。また、ネット上で購入された商品が、不正確なサイズ表記やカラーミスなどが原因で、**リアル店舗**に返却された場合、店舗の返金対応に伴う業務負荷や売上返金処理に問題が生じることが考えられます。このように、リアルとネット展開を相互補完して実装するには、正確な情報伝達やコミュニケーション、意思疎通が必要とされています。

用語解説

＊**アフターコロナ**　新型コロナウイルスが終息した「コロナ後(after)の世界」という意味です。ただ、いつからがそうなのかという明確な基準値はありません。

オムニチャネルの概要

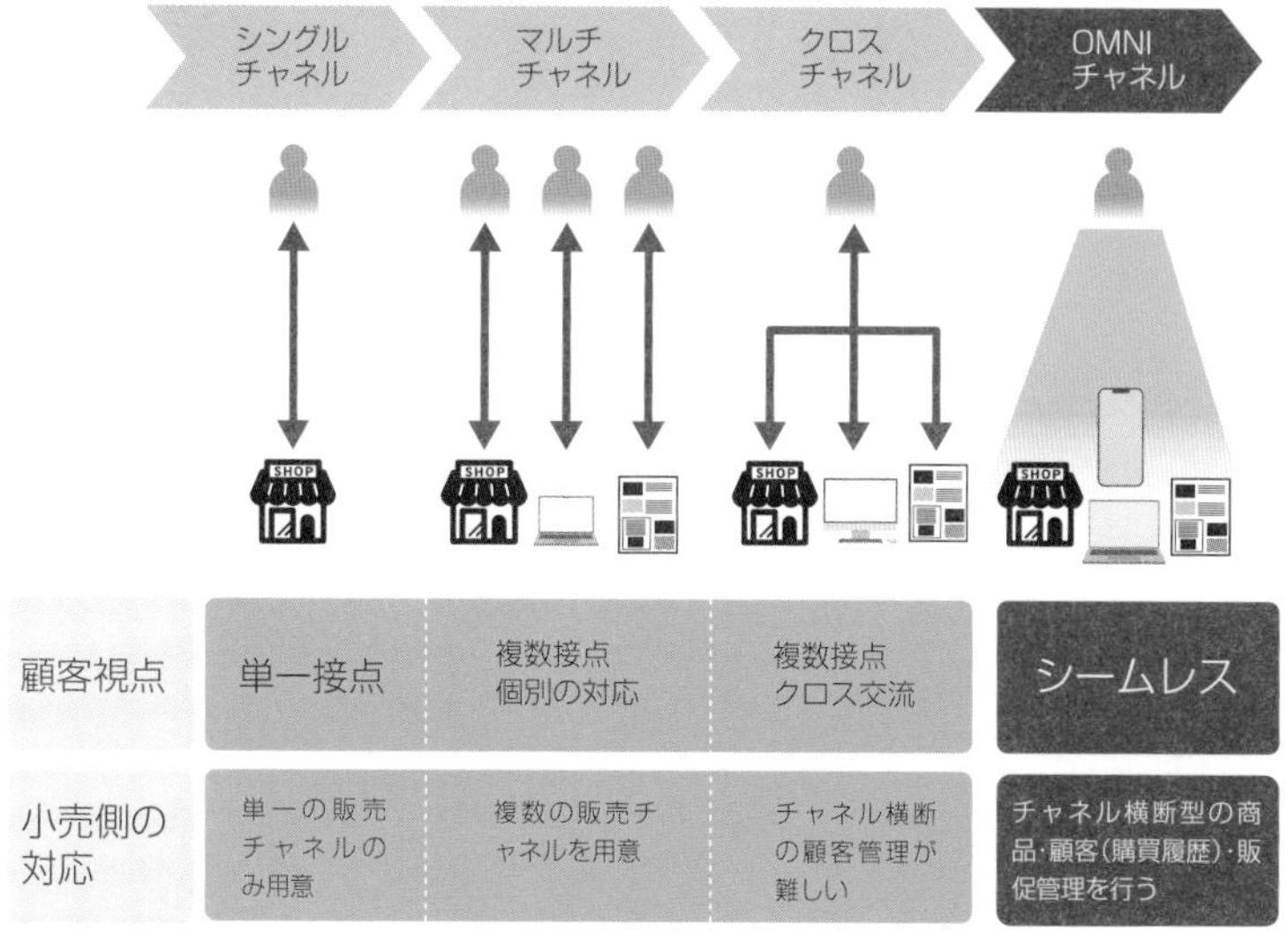

経産省　アパレル・サプライチェーン研究会報告書より

情報の流れは「垂直」から「円環」へ

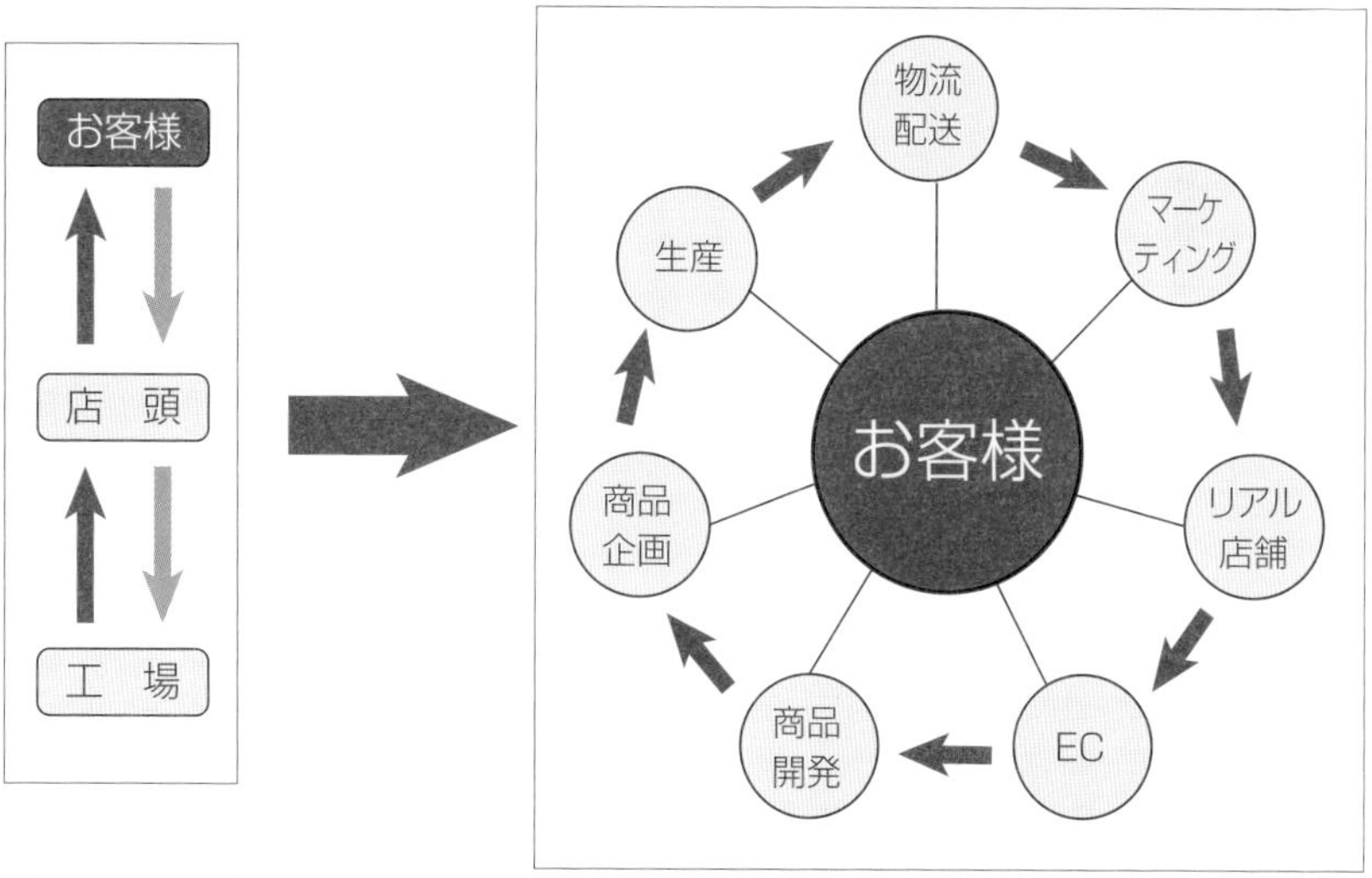

出典：ファーストリテイリング決算から著者作成

この先もブランディング効果はあるのか 2

すべての業界において、ブランド戦略が企業の存続を左右します。急激な環境変化によって、リアル世界での対応に加え、デジタル世界での対応が加速度的に求められるようになりました

●ブランドというのは信頼の証

「ブランド」という言葉は、brand=「焼き印を押す」が語源と言われています。家畜として放牧された多くの牛たちから、自家で飼う牛を見分けるために押された焼き印。ここから多くの企業や銘柄の中から、自ら存在を際立たせたものがブランドということです。日本では古くは「暖簾」という形で表現されています。

ブランド戦略*とは、企業の商品やサービスを他社と差別化して消費者に認識してもらう活動です。それは、社内外からの信頼感を高め、社員のモチベーションを向上させ、リピーターを増やしファン化させ、売上や利益率を上げる効果があります。企業の繁栄・存続のために、ブランド毎に求められるモノやサービスの品質の向上を通じて自社の考えや思いなどのメッセージを今まではリアルで対面で伝え続けてきました。

●ブランド戦略は変わるのか

この数年、各企業は急激にデジタルの世界で存在感を発揮する必要に迫られました。そこでブランド戦略のために許されるのは非常に短時間です。さまざまなSNSを駆使して、一貫性のある研ぎ澄まされたブランド価値をわかりやすく伝えなければならない状況でした。

結果的には、リアルでも**ブランド想起**が高い企業が好結果を生みました。対面コミュニケーションが制限

用語解説

＊**ブランド戦略**　独自のブランドを作り、自社の価値向上や他社との差別化などを目指すマーケティング戦略の一つです。ブランドイメージをターゲット市場の消費者に認知させ、世間に浸透させるのが目的です。

された中で、売上を伸ばしたのは、ブランド力の高い企業、「究極の普段着＝Life Wear」を扱うユニクロや、**シャネル**や**グッチ**のようなラグジュアリーブランドです。ビフォーコロナよりむしろコロナ禍、アフターコロナのほうが、ブランド力がビジネスに与える影響は大きなものでした。結論として言えるのは、対面接客の時からブランド価値を伝え、信頼を得ることを蓄積してきた企業が、デジタルの世界でも信頼を勝ち得たということです。

▲日本では「のれん」もブランドである

ブランディングは業界の常識

3 ECサイトは自前？ それともモール？

ますます、成長を続けるECです。自社サイト運営かZOZOTOWNや楽天市場のような大手のモール型サイトを利用するのか。そのメリット・デメリット、戦略的な利点を考慮して選択する必要があります。

●メリット比較

自社運営のメリットは、

①**独自性の演出**：自社のブランドイメージやコンセプトを反映させ、独自性やブランディングを強化できます。

②**販売手数料が低い**：自社運営する場合、手数料は通常の売上決済サービスのみであるため、大手モール出店に比べて低くなります。

③**顧客データ管理が容易**：顧客データは自社の独自管理のため、自由に分析して**販売戦略**を立てることが可能です。

④**緊急対応**：**ECサイト***への急な出品が必要な時には、即時対応ができます。

モール利用のメリットは、

①**流入顧客が多い**：大手に出店することで、モールを閲覧している既存顧客の目にとまるため、新たな顧客獲得につながります。

②**販売促進戦略が容易**：モール側が提供する広告やキャンペーンなどの販促媒体を利用することができ、自社による販売促進の手間を省けます。

●デメリット比較

自社運営のデメリットは、

①**コスト**：EC用の人員、設備、ノウハウ、システムなどが必要になり、初期費用やランニングコストが高くなります。

②**専門要員配置**：トラブル、クレームなどの問題対処

用語解説

* **ECサイト（EC site）**　Electronic Commerce Siteの略語で、インターネット上で商品やサービスを販売するためのウェブサイトのことを指します。24時間いつでもオープンであることや、店舗を持たなくても商品を販売できること、地理的な制約がないことが挙げられます。

に、専門知識や経験が必要になり、ノウハウを持っていない場合は対処が困難です。

③**広告宣伝費増**：集客力アップや商品・サービスの信頼性を高めるために、適切なプロモーションや広告宣伝が必要になります。

モール利用のデメリットは、

①**モール内競合**：モール内に多くの競合店舗があるため、集客のみを頼るという戦略だけでは成果が出にくくなります。

②**没個性化**：自社のコンテンツやデザイン性にこだわりがあるブランドは、モール側の仕様や制約に従うことになり自由度が制限されます。

③**コスト**：「手数料」という形でモール運営会社に月額基本料と売上金額の数%の**ロイヤリティ**が発生するため、自社運営よりもコストが高くなります。

ECと物流は必用不可欠な関係

amazon
当日・翌日配送が
常識になりつつある

4 百貨店がリアル販売をしないという形態に

コロナ禍の影響で臨時休業や時短営業の実施。テレワーク等の移動制限で外出を控える消費者が増加。衣料品や化粧品売上は大幅にダウン。頼みのインバウンド需要も消滅。果たして百貨店が志向する道は。

●デジタル強化とリアル店舗の融合

百貨店各社は、高品質な商品と品ぞろえの多さという強みを活かしたECの強化をしています。実際の店舗からオンライン上でチャットや接客をして、商品購入から決済まで可能にした**ライブコマース**の展開など、新たな接客サービスを提案して、ネットと実店舗の往来を促す「デジタルとリアルの融合」をスタートしています。

●百貨店発のファッションサブスク

高級アパレルのファッションレンタルとして百貨店業界初で注目を浴びる大丸松坂屋百貨店の「アナザーアドレス」事業、開始したのは2021年4月です。当初の計画では会員数500人の目標が23年2月には大幅オーバーの約15，000人。レンタルゆえ普段は着ない服に〝挑戦〟という心理に応えるように、百貨店ならではのコネクションを活かし、ブランド公認でラグジュアリーやコンテンポラリーブランドを取り揃え、人気を博しています。

●百貨店が取り組む「メタバース*」

三越伊勢丹が2021年3月からスマートフォン向けの仮想空間プラットフォーム「レヴ ワールズ」を立ち上げました。アプリ起動で3DCGによる仮想都市に降り立ち、**アバター***を操って街中を歩き回れます。空間内には「仮想伊勢丹新宿店」が存在し、店内でさまざまな商品をチェック、そこからECサイトへ

用語解説

＊**メタバース（metaverse）**　仮想現実の世界観のことを指します。この世界観は、現実世界とは異なるルールや物理法則が存在し、自由に移動や活動ができることが特徴です。また、人々が自分の分身である「アバター」を操作し、他の人々とのコミュニケーションや、仮想空間内での活動を行うことができます。

ジャンプして実際に買い物できる仕組みです。

仮想空間であれば、実体はデータだけで在庫リスクなしに無限に自由にものづくりが可能で、ＳＤＧｓにも対応可能な買い物体験ができます。仮想伊勢丹新宿店では立て続けに**バーチャルイベント**を開催。婦人服ブランド「リ・スタイル」の実店舗と連動して、バーチャルショップもユニークなボックス型のデザインで常設し実在のスタイリストがアバターで接客対応し販売に貢献しています。

●業界初のフェムテック常設売場

２０１９年11月に誕生した大丸梅田店5階にフェムテック商品を扱うフロアー「ミチカケ」がオープン。「月の満ち欠けのように、あなたのリズムに寄り添う」がコンセプト。コスメやアクセサリー、女性のデリケートな悩みに向き合う雑貨、サプリなどを集積した売り場です。セルフプレジャーアイテムも揃う点が話題になりました。すべての年代層の女性（フェミニン）に発生する課題を技術（テクノロジー）で解決していくサービスで、今後大きな成長が見込まれる分野です。

百貨店売上額の推移

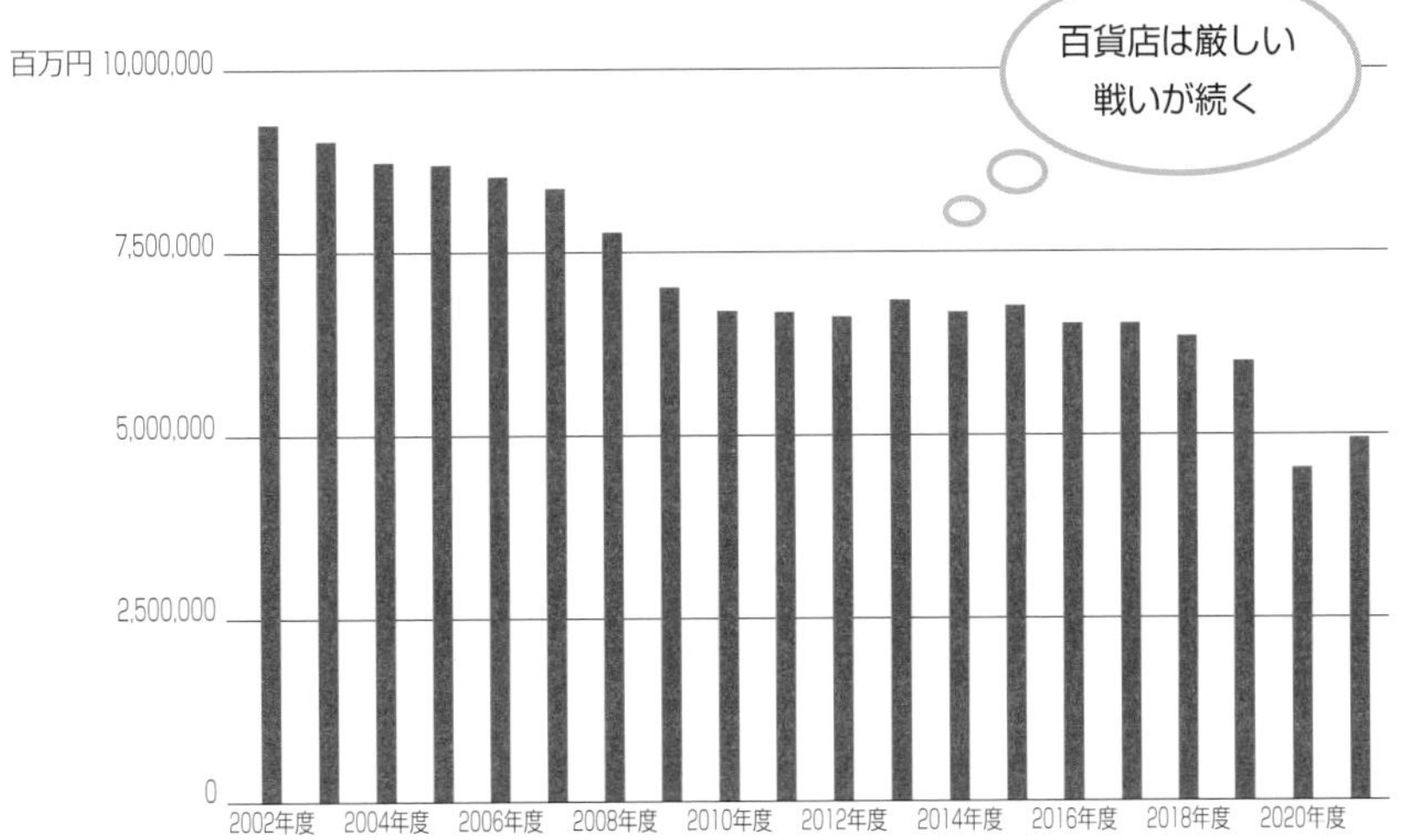

（経済産業省のデータより筆者作成）

用語解説

＊**アバター**　ヒンドゥー教で「神の化身」を意味する「avataara（アヴァターラ）」を語源とする英語で、「化身」「具現」「権化」などの意味です。 ITの分野ではインターネットやゲームなどの仮想空間上に登場するユーザーの分身となるキャラクターを指します。

5 ファッションはいつも百貨店からだった

地下食料品で初めて見るスウィーツから、1階化粧品売り場で四季毎のメイク、2階以上で展開されるレディス・メンズの最新ファッション。百貨店はすべての階がファッションであふれていました。

●家族よそ行きで出かけたのが百貨店

日本人のあらゆる生活シーンにファッションを中心に牽引してきた業態が百貨店です。地階の食料品を通って、1階化粧品、2階から何層もある婦人服。さらに上階の紳士服、そして子供服・呉服、宝飾品へ繋がり、催事場では各地の物産展、生け花展、そしてファッションの**バーゲン会場**に。着飾った家族が着席するのはファミリー食堂。屋上階の遊具やキャラクターショーを観て帰路へ着くという時代がありました。

来店客が地階から上層階へ向かう効果をその流れから噴水効果と呼び、上層階から下りてくる流れをシャワー効果と表現して、百貨店全館を挙げて「ファッション」の提案と共に集客をしていました。

●時代の変化に気付けなかった百貨店

都心部の百貨店と地方の百貨店。呉服系百貨店と電鉄系百貨店。それぞれが違いを打ち出していたように映りましたが、来店客から見れば、そのスケール感は違っていても、どこへ行っても似たり寄ったりで同質化していたことは否めません。その販売手法に大きな変化や差別化を見出すことがなかったにも関わらず長く運営してきていた結果が現在の姿です。

バブル期の1991年の9・7兆円をピークに右肩下がりが続きます。少子高齢化や地方都市の人口減少、若年層の百貨店への思いの薄さ、高齢者層の百貨店離れ等から多くの百貨店売り上げが低迷し、経営継続が困難となって現在までも次々と閉店が続いて

用語解説

＊**カテゴリーキラー**　ユニクロやニトリのように、ある特定の商品群において、圧倒的な品揃えと価格帯を武器に展開する大型専門店のことです。

います。

　もともと百貨店というビジネスモデルに限界が来ていたところに、いつの間にか、**カテゴリーキラー**＊や**ファストファッション**＊が台頭、さらに、ＥＣの出現により急激に縮小してきた百貨店売上でした。２０１０年ごろから目立ち始めたインバウンド需要に支えられ、コロナ禍前の２０１９年までは6兆円前後である程度下げ止まりの安定的な売上でした。20年の東京オリンピック開催で更なる需要増と地方の**インバウンド**波及効果を期待していたところでしたが、コロナ禍の影響で20年には４・２兆円まで減少。さらに、百貨店にとって要であるはずの衣料品に関しては９１年に３・９兆円だった売上が19年には１・７兆円まで減少。２０年にはついに１・１兆円にまでダウンしてしまいます。いよいよ百貨店という業態と、そこから提案するファッションが危機的状況です。

　今後の首都圏の再開発に伴う電鉄系百貨店の再開発後の姿に関しては、「商業施設」という表現が目立ち、百貨店としての再開は不透明という厳しい状況が２０２３年の段階です。

電鉄系百貨店の今後の再開発計画（2022年９月時点）

小田急電鉄	小田急百貨店新宿店	2022年10月営業終了。食品、化粧品、特選をハルクに移転。29年に48階建て高層ビルへ。低階層部が商業施設になる
東急電鉄	東急渋谷本店	23年1月営業終了。数年後に複合施設に生まれ変わり、高級商業施設も入る
東武鉄道	東武百貨店池袋店	３棟の高層ビルの一角に東武百貨店池袋本店の構想
名古屋鉄道	名鉄百貨店本店	コロナ禍の影響で22年着工、27年完成予定が延期。30年ごろに30階建て巨大ビルへ。百貨店形態が残るかは未定
京王電鉄	京王百貨店　新宿店	京王とＪＲ東日本が共同で再開発。2040年代に19階建てビルに商業施設が入る

筆者調べ

用語解説

＊**ファストファッション**　最新の流行を取り入れた衣料品を低価格、短サイクルで（世界的に）大量生産、販売するファッションブランド及び企業を指します。

column

ブランディングの成功要素とは

ブランディングとは、製品やサービス、企業、団体などに対して、独自性や差別化を与えるための戦略的な取り組みのことです。具体的には、企業や製品のイメージや価値観を明確にし、消費者にアピールすることで、ブランドの価値を高めることが目的です。ランディングの成功には、以下の要素が必要とされます。

●独自性と差別化の確保

ブランドアイデンティティを確立する際に、競合他社との差別化点を明確にすることが重要です。独自性や差別化がない場合、消費者の目に留まりにくく、ブランドの価値を高めることができません。このブランドの独自性が成否の鍵を握ります。

●消費者のニーズに合わせたメッセージ

ターゲットオーディエンスのニーズや価値観に合わせたメッセージを発信することが重要です。消費者にとって魅力的なメッセージを発信することで、ブランドの価値を高めることができます。言い換えるとブランドがもたらすベネフィットをメッセージとしてターゲット層に訴求できるかが大切です。

●一貫性のあるブランド・エクスペリエンス

ブランドコミュニケーションの活動を通じて、一貫性のあるブランド体験を提供することが求められます。例えば、広告やパッケージデザイン、店舗内装などがブランドアイデンティティに沿って統一されていることが重要です。誰が見ても、ブランドが認識できるようになるのが理想です。

●時流に合わせたアップデート

ブランド価値を維持するためには、時流に合わせてブランドアイデンティティやブランドコミュニケーションの戦略をアップデートすることが必要です。時代の変化に合わせて、消費者のニーズや価値観も変化するため、ブランドの進化・成長戦略を策定し、適宜変更することが大切です。いわゆる先を見据えた戦略が立てられるかがポイントになります。

以上が、ブランディングの成功要素です。

第4章

世代ギャップとファッション

世代間におけるファッションの在り方が今は不透明です。ライフスタイルショップはターゲット層を差別化し、ヘアーメイクも多様化が顕著ですし、メイド・イン・ジャパンの存在価値、メンズコスメの拡大、ネイルアートの台頭などです。

1 ライフスタイルショップという世界観

生活者のライフスタイルの多様化に呼応して、ライフスタイルショップという業態が増加しています。ひとつのブランドコンセプトをもとに衣食住周りの商品を揃えてブランドそのものを体感できます。

●ブランドの世界観を堪能できる空間

「**ライフスタイル**」とは生活の様式・仕方。また、人生観・価値観・習慣などを含めた個人の生き方であると『精選版 日本国語大辞典』にあります。そこには人々の生きざま、こだわり、哲学なども含まれているといえます。では、その言葉からイメージできる**ライフスタイルショップ**とは？生活全般、いわゆる衣食住に関わるすべての分野にわたって商品を提案できる専門店ということになります。運営にあたる企業やブランドの**コンセプト**＊をもとにアパレル、各種雑貨、食品、インテリアなど取扱品目は幅広くなります。

日本はもとより、世界的にも有名なショップとして、MUJI無印良品があります。

●滞在時間を長くするための空間

ライフスタイルショップに衣食住のすべてが揃っているために、各ブランドが展開する通常のアパレルショップよりもはるかに大きなスペースを確保して、商品の見やすさと店内回遊性を実現しています。さらに発展した業態として、カフェやレストランを併設して、その世界観を食を通じて楽しみながら、滞在時間を長くする工夫がされているショップも増えています。

ファッション商品に興味がなくても、他の食品やインテリアを通じて、そのブランドを認知してもらうことで、新たな顧客の開拓ができ、既存の顧客には新たな趣味発見の場としても機能しています。

用語解説

＊コンセプト(concept)　商品構成の商品の見せ方や売り方を方向づける「概念」や「観点」「アイデア」「構想」のことを指します。

主なライフスタイルショップ

▼全国展開のショップ

ショップ名	主な場所
BAYFLOW（ベイフロー）	全国展開
H&M HOME(エイチ アンド エム ホーム)	全国展開
KEYUCA（ケユカ）	全国展開
KOE HOUSE（コエハウス）	全国展開
Ron Herman(ロンハーマン)	全国展開
SALON adam et ropé（サロン アダム エ ロペ）	全国展開
SHIPS Days（シップス デイズ）	全国展開
studio CLIP（スタディオクリップ）	全国展開
URBAN RESEARCH Store（アーバリサーチストア）	全国展開
ZARA HOME（ザラホーム）	全国展開

▼ローカル展開のショップ

ショップ名	主な場所
CA JITSU（カジツ）	丸の内
CASICA（カシカ）	新木場
Fred Segal（フレッド シーガル）	代官山
FreshService Headquarter / Gallery 85.4	外苑前
HOEK（フーク）	原宿
Need Supply Co.（ニードサプライ）	渋谷
OUTBOUND（アウトバウンド）	吉祥寺
Playmountain（プレイマウンテン）	北参道
Rungta（ルンタ）	経堂
stoop（ストゥープ）	清澄白河
グランピエ	表参道

筆者調べ

2 切り離せないアパレルとヘアスタイル

アパレルファッションにトレンドがあるように、ヘアファッションにもトレンドがあります。むしろヘアファッションの方が、大きなトレンドとして時代に影響を与え続けて来たたといえます。

●誰もが聖子ちゃん、W浅野だった

1970年代の中頃、神戸発トラディショナルの「**ニュートラ**」、ほぼ同時期に横浜発トラディショナルの「**ハマトラ**」ファッションが流行っていました。雑誌**JJ**＊を教科書に、ポロシャツにひざ丈の巻きスカート、そして、清楚な雰囲気にまとめたサーファーカットが主流で、当時のキャンパス中を席巻していました。

1980年、松田聖子さんのデビューと共に、多くの女性アイドルが聖子ちゃんカットを取り入れてテレビに出演します。それにともない、街中でも聖子ちゃんカットで可愛らしいファッション、言い換えれば、ぶりっ子ファッションの女性を数多く見かけました。その後も彼女のヘアスタイルとファッションを追いかけ続ける女性ファンは多かったはずです。

80年代後半、当時人気絶大だった2人の浅野さんのヘアスタイルとファッションもお手本として語られます。いわゆる「**ワンレン・ボディコン**＊」の時代です。

浅野温子さん、浅野ゆう子さんの2人です。共にボディコンシャスな衣装に、前髪カールでアップしたワンレングスの温子さん、前髪を下ろしてワンレングスのゆう子さん。キャリア女性の代名詞のような2人の全体像が、働く女性達のお手本モデルになりました。

90年代初め、英国のダイアナ妃の影響か、芸能人はじめ、世界中の女性にロイヤル・ショートカットが大流行。ファッションもクラシカルで清潔感と品格を表現するファッションアイコン的な存在でした。同時期

用語解説

＊**JJ**　光文社が発行していた女性ファッション雑誌。2021年2月号をもって休刊。対象読者は女子大学生とOLで、アンナや梨花らアイコンモデル、専属モデル、一般女性が登場し、ファッションやビューティーを紹介して人気があった。

に、きれい系ベースのフレンチカジュアルも流行りました。ヘアスタイルはボリュームのあるロングヘアのまとめ髪で、顔の周りはカーラーで巻いたガーリーヘアなどがトレンドでした。

●トレンドがないのがトレンドの時代

このように、世相としてファッションもヘアスタイルも大きな流れ、いわゆる**トレンド**がはっきりと言い表せる時代がありました。その後、2000年代は、デジタルパーマ、ボブヘア、アイロン、ショートといくつもトレンドが移り変り、トレンドのヘアスタイルがないのがトレンドといわれる、個性を際立たせる時代になってきています。ファッションも同様な傾向でした。この数年は、「ビッグシルエット」「オーバーサイズ」が大きなトレンドのように思われてきていましたが、世界中のデザイナーが本来のクリエイティビティやオリジナリティを、こぞって表わしたトレンドではありません。コロナ禍というタイミングが影響していたことも考えられますが、そういう意味では、小さな個性が際立っている時代だと言えるでしょう。

当時は芸能人がトレンドリーダー

大人の女性の
象徴的な存在だった
W浅野の２人
聖子ちゃん
カットが街に
あふれていた

用語解説

＊**ワンレン・ボディコン**　1980年代のバブル時代を表す象徴的な言葉です。ワンレンとはワンレングスファッションのことでの略称であり、ヘアスタイルの一種、ボディコンは体の線がはっきりとわかるボディーコンシャスの略です。ワンレン・ボディコンスタイルはバブル時代の若い女性のファッショントレンドです。

5大コレクションとヘアファッション　3

ファッション業界が世界に向けて発信するコレクション情報。理美容業界のプロ達がコレクション報告をもとに、ヘアファッション、ヘアスタイルを発信して、ファッションの世界をリードしています。

●1年後が見えるコレクション情報

ファッション業界には世界5大都市で開催される、コレクションと言われる大きなファッションショーがあります。各ブランドやデザイナーが1年後に迎えるシーズンに合わせて、新たなコンセプトやイメージをファッションショーという形式で発表する場です。

ニューヨーク、ロンドン、ミラノ、パリの順で開催され、最後に東京で開催されます。そのショーを鑑賞できるのは、有名ファッション誌の編集長、ジャーナリスト、百貨店やセレクトショップのバイヤー、世界的に有名な芸能人などで、購入顧客やインフルエンサーとして招待されています。同じ業界人であっても、希望して鑑賞できるものではありません。私たちもコレクション発表があって、メディアから発売あるいは発信された情報をキャッチして参考にしています。しかし現在は、コロナ禍を契機に、ファッションショーはリアルとデジタル配信のハイブリッド開催になり、関係者の商取引場所から、一般の人も閲覧できる各ブランドの紹介場所へと変わりました。

●業界人より詳しいヘアスタイリスト

「最新のコレクション情報から新しいヘアデザインを生み出す、ファッション&ビューティプロジェクト」というキャッチコピーのファッション&ビューティ専門誌があります。ヘアサロン業界を牽引する"ルベル*"が全国の提携サロンあてに提供している『MODE COMPASS』（モードコンパス）という冊子です。

用語解説
＊ルベル　タカラベルモントグループの理美容、化粧品事業部門で、全国のサロンに向けて「サロンデザイン＆ソリューションパートナー」として事業全般をサポート

その内容は、ファッション業界人であれば、必ず知っておくべきトレンド情報が必要十分でコンパクトにまとめられています。ルベルが提携する『タカラ美容専門学校』の授業内でも使用されています。

ファッション業界内では、あまり知られていませんが、**ヘアサロン**で活躍する多くのプロのヘアスタイリスト達は、モードコンパスのような冊子や独自の研究からシーズンコレクションを学んでいます。そこから、1年後はもちろん、今のトレンドをいち早くキャッチしようと努力しています。その知識をもとに、サロンに訪れる顧客個々人のファッション傾向に合わせて、ヘアスタイリングを提供しています。シーズンファッションと**ヘアファッション**は切り離せない関係ということを、全国のプロヘアスタイリスト達が証明しています。

ヘアメイクとファッションの深い関係

ヘアスタイリスト
だけでなく広くファッション
業界に影響を与えている

▲ルベルが提供する小冊子　カバーイメージ

4 MADE IN JAPANのこだわり

1872年創業で150年を超える歴史を持つ化粧品メーカーである資生堂。世界中のお客様の要望する日本製である事に応えるため、人とロボットが“協働”する生産現場の構築に取り組んでいます。

重要なのは日本製であること

2022年度12月期の決算でも売上高1兆円を超える資生堂は、長く世界の化粧品業界をリードし続けている存在です。その**資生堂**が、2017年3月に化粧品業界で初めて、工場への**人型ロボット**＊導入を図りました。労働人口の減少で人手確保が難しくなる中、自動化を進め生産性向上を図るのが目的とされています。さらに、その奥には、増加傾向にあるインバウンド需要に応えようとする取組みが見られます。それは、訪問客のすべてが望んでいる『MADE IN JAPAN』に応えることです。特に、資生堂化粧品は中国の国内需要としても人気が高く、訪日した中国人が帰国後に**リピーター**として買い求める傾向が強い商品です。それらのニーズに応えるのに、人手不足の中で国内工場の生産能力を高めるには、ロボットの手も借りたいということです。

人とロボットの協働する現場とは？

化粧品業界も、消費者の嗜好の多様化にともない、常に生産速度を上げながら、多品種少量生産に適応した体制作りが課題になっています。そのために、導入された人型ロボットの役目は、単純な繰返し作業や、重労働、さらに、神経を使ってストレスフルになりそうな複雑・繊細な作業を担っています。一方で、人は人間にしかできない判断業務や検査、管理業務を担当します。完全に補完し合い、確かな品質を守りながら、次世代のモノ作りにチャレンジを続けています。

用語解説

＊**人型ロボット(humanoid robot)**　人間の外見や動きを模倣したロボットのことを指します。人型ロボットは、2本の足で歩いたり、手を使って物をつかんだりすることができ、人間と同様の動作をすることができます。

人型ロボットの需要が増加

繊細な動作にも
対応出来る
人型ロボット

人型ロボットは
近い将来労働力の
主力になる?!

5 メンズコスメとファッションの関係

働く世代を中心としたメンズスキンケア市場の拡大から、メンズエステや脱毛などボディケアへの美容意識も高まっています。その先には、ファッション全般に対する大きな意識変化が待っています。

●肌トラブルからツルツル肌へ意識変化

男性のスキンケア意識は、以前はニキビなど肌トラブルを防いで正常な肌を保つためでしたが、ここ数年では、これらに加え、明るい透明感やツルツルの肌への志向が高く、より印象の良い肌にするために**スキンケア**＊する男性が増えてきています。

2020年以降急速に広まったリモートワークにより、オンライン会議上の画面越しに、相手のこと以上に、自分自身の顔を見る機会が増えました。働く世代の人にとっては、ますますスキンケアへの意識が高まるタイミングになりました。

化粧品のマンダム社の調査によると、メンズスキンケアの市場は、2017年から21年の5年間で、ヤング層183，3％増、ミドル層で136，5％増と大きく伸びています。途中でコロナ禍の影響があったとはいえ、他の業種や、品目では見られない数字です。伸び盛りのスキンケア市場は、以下3つの理由で今後もさらに発展してゆくといわれてます。

①オンライン会議普及による見た目重視の表面化

オンライン会議の普及によって、画面越しに会議や商談中の自分の見た目や印象等、普段の姿を見る機会が増えました。特に、今までスキンケアやメイクに関心がなかった働き世代の男性たちは、オンライン会議によって最も大きな変化を遂げています。スキンケアやメイクで肌のトーンや質を上げるなど、身だしなみの一環としてトライし始めました。

用語解説

＊**メンズスキンケア**　男性の肌のお手入れのことを指します。男性は女性と比べて肌の手入れにあまり興味がないというイメージがありますが、最近では肌の乾燥やニキビ、シミ、シワなどの肌トラブルを防ぐために、メンズスキンケア製品が注目されてヒット商品も出ています。

②SNSやメディアを通した美的意識の拡散

メイクを普通にしている男性インフルエンサーやアイドルのSNSやTV，雑誌媒体への露出増加。一般男性のメイクへの関心が向上し、若い世代を中心に、男性メイクへの抵抗がなくなってきています。

③ネットショッピングの普及・拡大

ネットショッピングの普及により、自宅にいてメンズコスメ購入ができるようになりました。店頭の対面購入に抵抗感のある人のハードルが下がりました。

●スキンケアの先にあるモノ

スキンケアや**ワークアウト**を通じて、理想的な肌や身体を手に入れた人の多くが、その次には、見た目がきれいなバランスを保とうという意識が出るようです。ファッションスタイリング全体に対してのこだわりを追求する傾向が多く見られます。スキンケアや**ボディケア**による満足感が、ファッション全般に対する大きな意識変化をもたらします。

男性による化粧品市場規模の推移

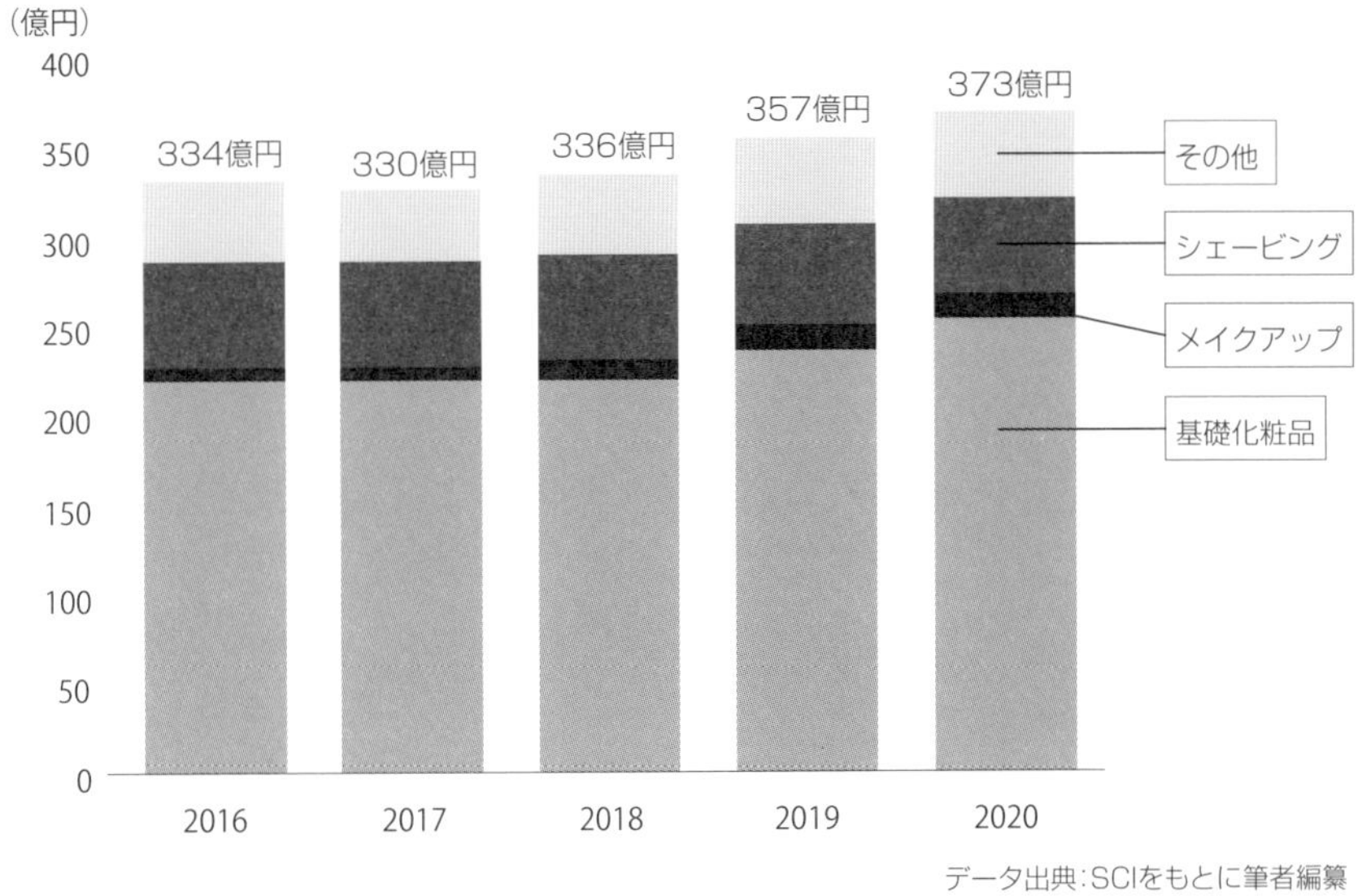

データ出典：SCIをもとに筆者編纂

6 ネイルアートはどこまで進化するのか？

1985年に日本ネイリスト協会が設立。その時に「ネイリスト」という造語が誕生しました。それ以降、ネイル技術の進歩と共に、世界で日本人トップネイリスト達の活躍が注目され続けています。

●上流階級の嗜みから一般女性へ

マニキュアの語源は、ラテン語の手（マヌス）と手入れ（キュア）から、手の爪に対する手入れを「マニキュア」と呼び、そして足（ペデス）の爪の手入れを「ペディキュア」と呼びます。ギリシャ・ローマ時代に、上流階級の中で「マヌス・キュア」という言葉が生まれ、流行したとされています。近代に入り19世紀には、欧米で一般女性の身だしなみとしてマニキュアが浸透。1930年頃から本格的なネイルカラーが発売されると、日本でも爪を赤く塗ることが紹介され、マニキュアといえば自宅でカラーリングすることが一般的になりました。（国際文化理美容専門学校HPから一部引用）

●数々のネイルアートを楽しめる時代に

日本では85年の**ネイリスト**＊誕生とともに、ネイルサロンが出現しますが、高価で一般化はしませんでした。この頃は、「ネイルポリッシュ」を使用して自宅での手入れが主流でした。2000年代には「ジェルネイル」が誕生、ネイリストが次々誕生し、サロンも続々とオープンしました。数万円はした施術料金も、現在はチェーン店の出現によって、数千円単位からセレクトができるようになり、広く一般化しています。

最近では、自宅でもネイルサロン級の仕上がりが楽しめる、**ネイルジェル**や**ネイルシール**が流行しています。コスメティックブランドだけでなく、100円均

用語解説

＊**ネイリスト**　ネイリストは国家資格でないですが、内閣総理大臣の認定資格として国から認められています。アメリカ、韓国、オーストラリア等でのネイリストは国家資格が必要です。

一チェーン店からも安価なシールが発売され、個人が日本におけるネイル文化の歴史は浅いものの、その技術は世界的なコンクールでも認められています。低価格でさまざまな高度なアートとして施すことができるため、海外からの旅行者が日本で施術を受けるケースが多く見られるようになりました。

●進化と共に健康問題をクリアにする

ネイルアート＊において最も重要な課題は、爪の健康状態を保つことです。健康的で美しい爪を保つためには、適切なケアが必要になります。サロンでも個人でも、過剰な研磨や接着剤の使用などによって、爪が傷つくことがないように注意が必要です。また、サロン内ではネイリストによる適切な衛生管理の徹底をすることが今後のサロン利用で重要視されます。

数万円単位で長持ちする芸術品級のネイルアートを楽しむのか、数百円単位のネイルシールを短いサイクルで楽しむのか。まだまだ進化が期待できるネイルアートを健康な爪と共に楽しみたいものです。

ネイルサロンは今や全国に存在

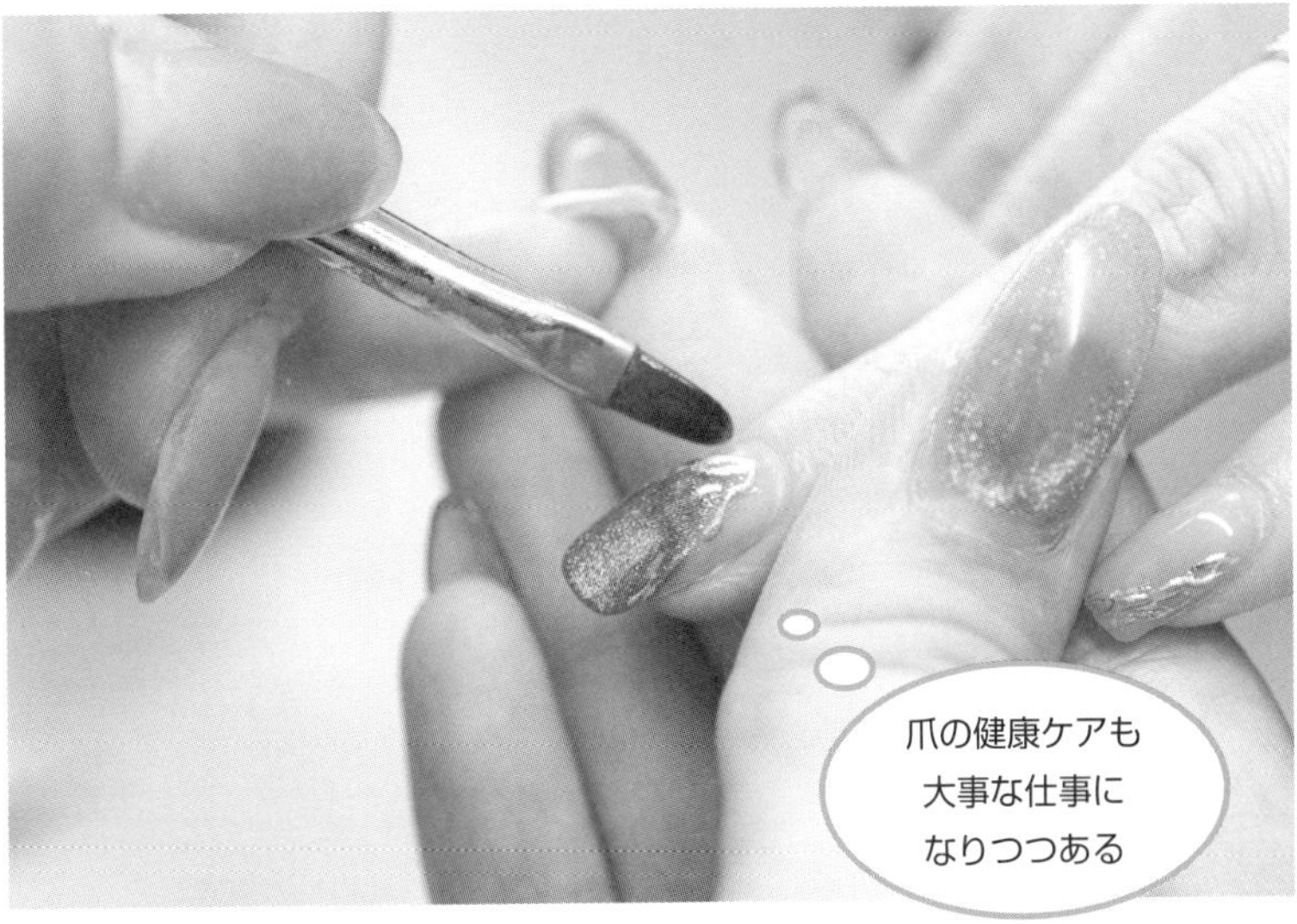

用語解説

＊**ネイルアート**　爪を美しく飾りつける技術やデザインのことです。爪にカラフルなポリッシュやジェルを塗り、ドットやストライプ、花などの模様を描いたり、スパンコールやジュエリーなどを飾り付けることで、個性的で華やかなデザインを楽しむことができます。

7 トレンドは発信も受信も小物から、なぜ？

ファッションは常にトレンド（流行）が目まぐるしく移り変わる世界です。トレンド発信をする際に、生活者が比較的、抵抗感を感じない価格と大きさのアイテム、小物が取り入れやすいといわれています。

●最新トレンドも小物からなら

新しいモノを抵抗感なくすぐに取り入れることができる人と、しばらく様子を見てから取り入れる人がいることは「**イノベーター理論**」として広く知られています。特に、ファッションにおいては、そのトレンドの移り変わりの速さや、影響度に戸惑いを感じてしまう人が多いので、なおさらのことでしょう。

最新のトレンドが、洋服の色や柄などの場合、その洋服自体を購入するまでには、試着や予算調整、洋服を合わせるために他のアイテムの購入、さらには、地域によっては、人の目など、多くのハードルがあります。そのために、なかなか手軽にトレンドを取り入れることはできません。一方、**小物***やグッズは、そのトレンドを取り入れるために必要な金額、見た目の面積などハードルは下がりますから、比較的容易に購入することができます。ビジネスでもカジュアルなシーンでも活躍してくれる便利アイテムになります。

●小物だからこその存在感を活かす

例えば、アニマル柄や花柄のトレンドであれば、比較的大判のスカーフで。**ミリタリー柄**であれば財布や小物入れ。紫や赤といった色であればハンカチやパスケースなど。ビジューやレースであればポシェットに。全体から占める面積は小さいですが、むしろピンポイントのアクセントとして目立つことになり、一段上のおしゃれ上手を表現できます。先ずは、小物からスタートするのが、トレンドが拡散する秘訣です。

用語解説

***小物（ファッショングッズ）**　いわゆるファッションアイテムのうち、衣服以外の装飾に用いられるものでネックレス、ネクタイ、靴、バッグ、スカーフ、ベルト、帽子、ブローチといった付属的な装身具です。

トレンドカラーを訴求する

▲大人のトレンドカラーの一例

カラーマッチング
の成否が売り上げ

▲小物も大切な要素になる

column

日本国内のアウトレットの現状と未来

日本国内には多くのアウトレットモールがあり、世界的なファッションブランドをはじめ、日本国内のブランドも出店しています。アウトレットモールは、新品やアウトレット商品を扱う店舗が集まったショッピングセンターの業態をしており、多くの人々にとってファッションアイテムや家電製品、食品などを格安で購入する場所として人気があります。

しかし、2020年には新型コロナウイルス感染拡大の影響により、多くのアウトレットモールが閉鎖や縮小を余儀なくされました。また、2021年には長引く感染拡大により、消費者の来店数が落ち込むなど、厳しい状況が続いています。

それでも、日本国内には多くのアウトレットモールが営業を続けており、特に「軽井沢プリンスショッピングプラザ」など観光地や交通の便が良い地域にあるアウトレットモールは、多くの来客を集めています。ただし、オンラインショッピングの普及により、アウトレットモールの需要が低下する可能性もあるため、今後はブリックアンドモルタルとオンラインの両方に対応する販売戦略が求められます。

アウトレットモールの未来像は、オムニチャネルの普及により、アウトレットモールもオンラインショップとの連携が進むことで、顧客の利便性が向上します。ブランドが直接運営する「ファクトリーショップ」が増えることで、割引率が高くなるなど、アウトレットモールの魅力が高まります。

地域振興や観光誘致など、アウトレットモールの役割が広がる可能性があります。持続可能なビジネスモデルの構築が求められ、環境に配慮した商品ラインナップや、廃棄物の削減などの取り組みが重要となります。新たなショッピング体験の提供が求められ、フードコートやエンターテイメント施設の充実、VR技術を活用した仮想ショッピング体験の提供などが行われると予想しています。

アウトレットモールは、商品の在庫一掃セールに特化したビジネスモデルを持っていますが、今後も変化し続ける消費者ニーズに応えるため、革新的なアプローチが求められています。

リアル店舗がひしめくアウトレットモール▶

第5章

アパレルファッション業界の構造

ファッション業界の中心は、アパレルです。しかし、アパレル業界の本質は意外と知られていないのが現実です。繊維産業を川上とした業界の構造、海外における日本のテキスタイル、アパレル卸の存在、小売業の現況などを解説します。

1 繊維産業を支えてきた川上～川下構造

日本の繊維産業は、他の流通業と同様に川の流れにたとえて「川上」＝素材、「川中」＝アパレル、「川下」＝小売と3つの産業分野に区分されています。この複雑な分業が繊維産業を発展させてきました。

●繊維産業の構造は川の流れのように

「川上」産業は、アパレル素材産業ともいわれ、アパレル商品を作るための生地や糸などの原料を生産したり、調達したりする分野です。紡績、合織、撚糸、染色などの繊維素材産業（日清紡、旭化成など）。繊維素材を生地にする**テキスタイル産業**（スタイレム、ヤギなど）に分けられます。

「川中」産業は、川上で生産された生地や糸などの素材から商品を生産する分野です。いわゆるアパレルメーカーから委託を受けて、生産を担うのがアパレル生産企業（縫製工場）です。その委託して出来上がった商品を小売業に卸売をするのが**アパレルメーカー**（オンワード、ワールド、三陽商会など）です。

「川下」産業は、川上、川中を通じて商品化されたものを、一般消費者向けに販売をする分野です。三越・伊勢丹、高島屋、阪急・阪神などの百貨店やイオンリテールやユニーのような**GMS***（総合大型スーパー）、ビームスやユナイテッドアローズなどの専門店、無店舗販売のZOZOTOWNなどのECも含めたアパレル小売産業をいいます。

以上の3分野すべてに繊維商社が**OEM***やODMで複雑に絡んできます。また、近年は多くのアパレル企業が企画・生産・小売を一貫して行うSPA（製造小売業）型の業態に舵を切り、そのシェアを伸ばしつつあります。

用語解説

＊**GMS**　GMSとは General Merchandise Storeの頭文字を取った言葉で、日本語では「総合スーパー」と訳されます。

アパレル業界の構成図

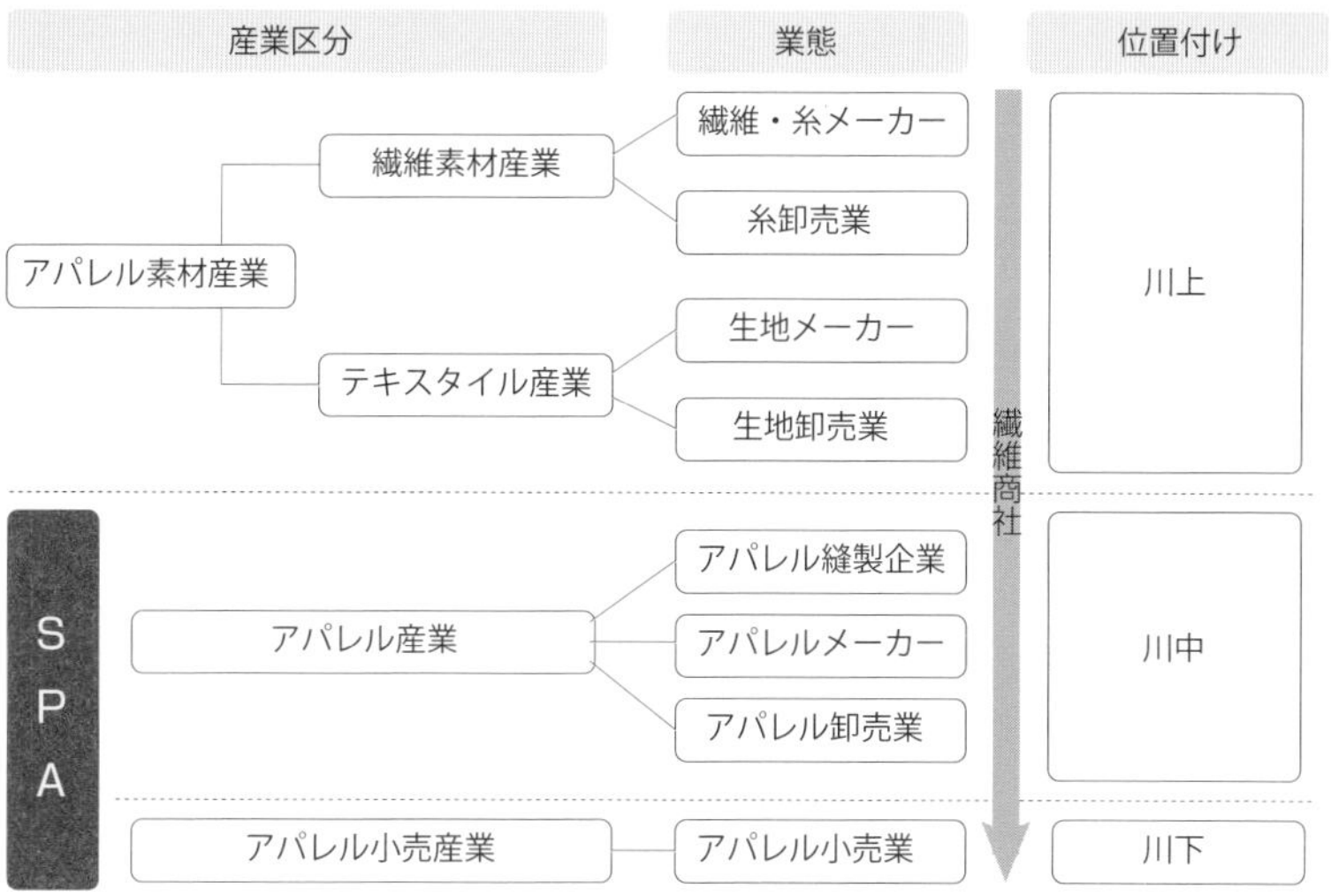

日本の繊維工場

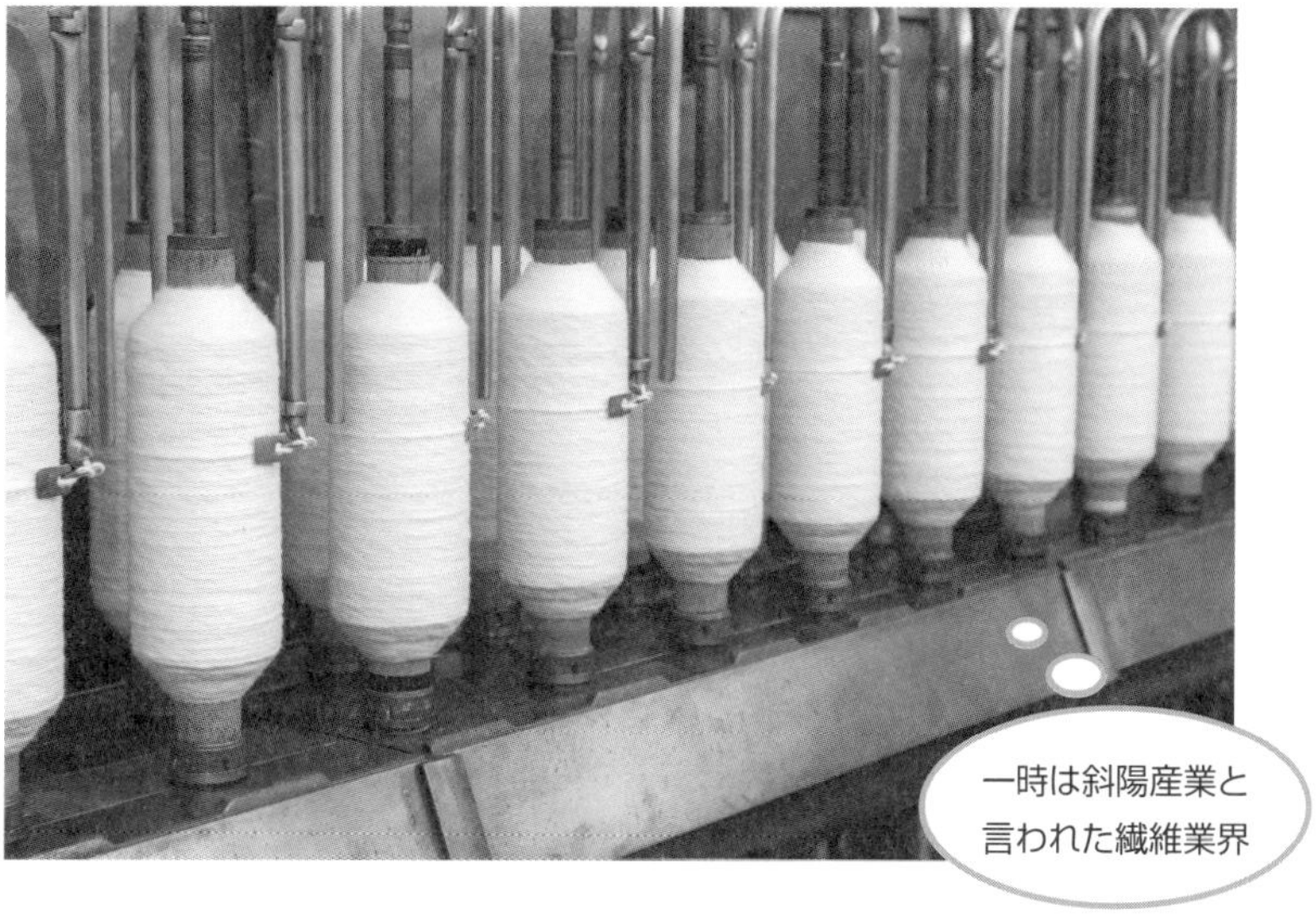

用語解説

＊**OEM**　OEMとは、Original Equipment ManufacturingまたはOriginal Equipment Manufacturerの略語で、委託者のブランドで製品を生産すること、または生産するメーカのことです。

2 海外でも評価が高い日本のテキスタイル

バブル景気を迎えた80年代。ファッションにも多様化の波が。個性化、差異化、少数派の影響で、世界中の著名デザイナー達*から密かに日本のテキスタイル（生地）へ熱い視線が注がれ始めました。

●モノ作りに対する伝統的な技術

すべての産業において、日本製のモノは丁寧な作りである事は誰もが認めることではありますが、テキスタイルにおいても例外ではありません。日本各地に点在する生地産地。そのすべてが長い間の着物文化の発展と関わってきたと言えます。四季のある各地の気候や風土によって、織機の調整や染め具合が変わってきます。技術者や職人の地道な努力や繊細な感性が今に受け継がれ、世界に誇れるテキスタイル産業があります。

●国内以上に海外からの評価が高い

日本以外のアジア各国のテキスタイル加工の特徴は大量生産、**ローコスト**、短納期の生産を得意としています。日本の特徴は、伝統に裏打ちされた技術から生まれる高品質、デリケート、ソフトな風合いを得意としてきました。海外ラグジュアリーブランドにとって、もともと他ブランドとの差別化は必須です。80年代以降、日本の各産地へ極秘で訪れ、技術者達と綿密に打合せを繰り返し、**小ロット**での糸や生地の生産を依頼しています。

90年代に入り、**バブル経済崩壊**後の大量生産、低価格志向を迎え、いつしか衣料品の生産拠点は日本から遠ざかりました。しかし、2015年国連サミットでSDGsが採択されてからは、日本の丁寧なテキスタイル加工への取り組みが、世界の繊維業界をリードするような流れになってきています。

用語解説

＊世界の著名デザイナー　ミラノの3G＝GIORGIO　ARMANI,Gian Franco Fere, GianniVersaceやNYのラルフローレン、ダナ・キャラン、日本の川久保玲、他にジャン＝ポール・ゴルチェ、アズディン・アライアなどです。

日本の織物産地

	産地名	都道府県	特徴
①	米沢産地	山形県	小幅物、和服地の生産は減少傾向で、広幅服地の産地に変わりつつある。薄地のレーヨンとの複合ジャカード、ドビー織物
②	栃尾産地	新潟県	化合繊の中肉地織物が得意。ダブル幅（後染め）を主体に、綿中心のシングル幅（先染め）が混在
③	見附産地	新潟県	後染め（化合繊）、先染め（綿主体）のドビー織物。複合型産地を志向
④	桐生産地	群馬県	着尺、帯地から戦後婦人服地が成長。レーヨンを主体にした複合ジャカード織物で後染め中心に、多種産地が特徴
⑤	富士吉田産地	山梨県	甲斐絹で知られる裏地、座布団地、ネクタイ地などに婦人服地が近年成長
⑥	北陸産地	福井県 石川県 富山県	福井県、石川県、富山県の3県産地で合繊のポリエステル長繊維織物が主力
⑦	天龍社産地	静岡県	4割が別珍・コール天、6割が一般生地織物を生産。特産の別珍・コール天は、全国生産の95%のシェアを誇る
⑧	遠州産地	静岡県	綿織物を中心に、綿・ポリエステル混紡織物を含めた総合産地
⑨	尾州産地	愛知県	全国一の毛織物産地。梳毛紳士、婦人服地、紡毛服地を主力に多品種、少量産地の分業一貫形態
⑩	三河産地	愛知県	衣料、資材、寝装、インテリアなど各種織物、ニット二次製品を扱う総合産地
⑪	知多産地	愛知県	ポプリン、ブロードを主力とした白生地産地。アパレル、家庭用品、寝装品用に産業用資材など
⑫	湖東産地	滋賀県	近江上布、近江ちぢみで知られる高級麻織物が主体。着尺から婦人服地、寝装品・インテリアに転換
⑬	丹後産地	京都府	丹後ちりめんの広幅化（婦人服地）を推進中。強撚糸使いと紋織り技術が得意。秋冬物の後染めが中心
⑭	泉州産地	大阪府	白生地主体（後晒染め加工）、小幅も全国の60%を生産。綿および綿合繊混紡織物
⑮	大阪南部産地	大阪府	衣料用、産業資材用の白生地の綿織物が定番主力。細番手のブロード、ポプリンや綿、合繊混紡織物など多品種
⑯	西脇産地	兵庫県	先染め綿ギンガムを中心に、シャツ地の産地
⑰	今治産地	愛媛県	バスタオル、フェースタオル、タオルケットなど、ライセンスブランド商品中心の高級タオル産地
⑱	筑後・久留米産地	福岡県	綿織物・久留米絣・綿入りはんてんが有名。綿入りはんてんの製造は、全国シェア95%を誇る。日本古来の久留米絣の産地。和装品・家庭着・服地等

（出典：繊維サーチ「SENI-SEARCH.JP」の資料を基に筆者編纂）

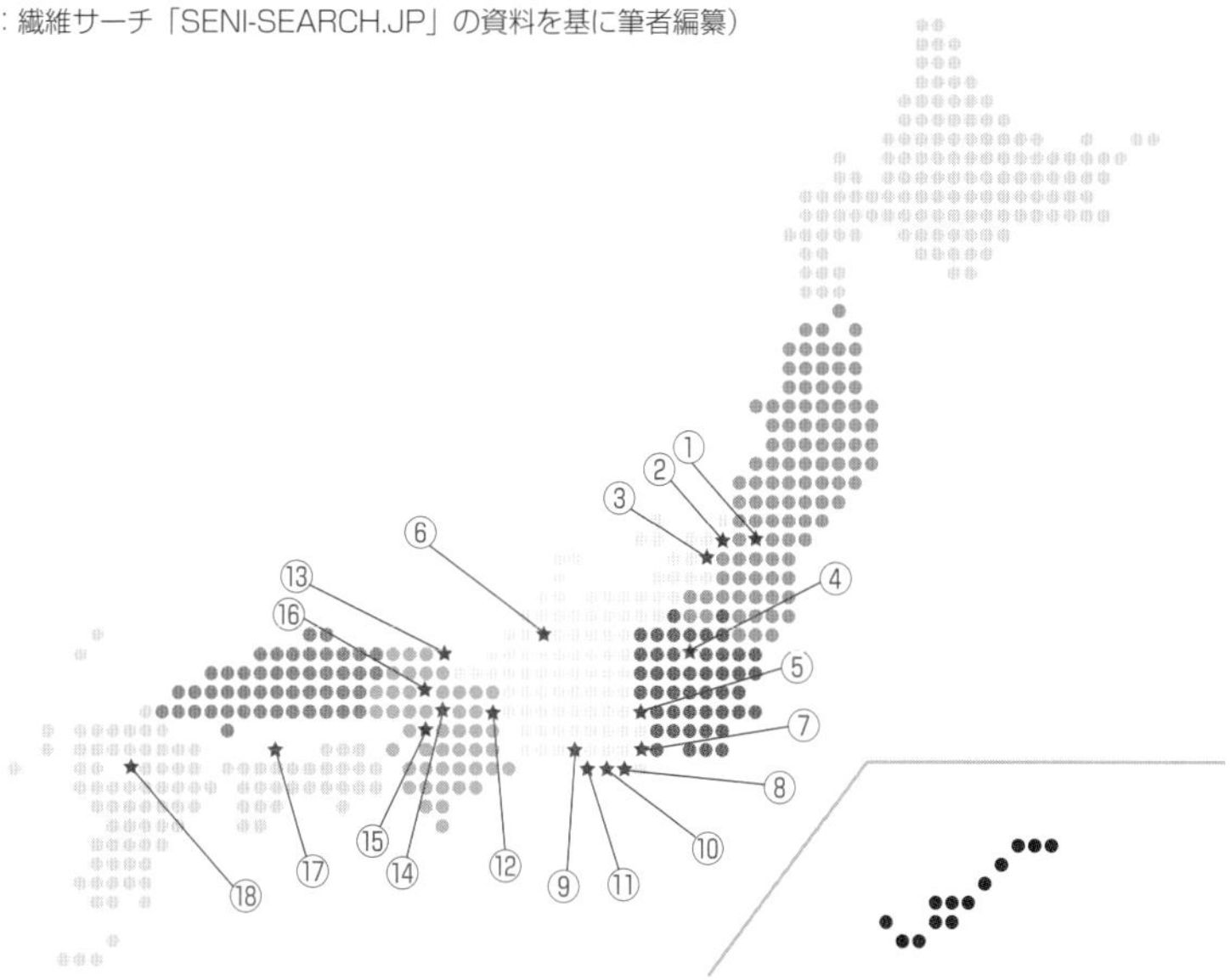

3 流通構造を支えてきたアパレル卸業

アパレル産業の成長期を支えたアパレル卸は、商品が生産者から消費者へ届くまでのモノとお金の流れを円滑にする重要な役目を担ってきました。近年の構造変革の流れから、その姿に変化が現れています。

●アパレル卸が担ってきた役割とは？

一般的に、工場は少ないアイテム、品番を大量に生産し、小売業は季の始まりには多くのアイテム、品番を店頭に揃え、実需期には売れ筋商品の大量販売をしたいと思います。両社の間に入り、煩雑な取引の回数を少なくして、できる限り詰めていくのが卸の役割です。具体的な機能は次の4つに集約されます。

●モノとお金の負担で成長期を支える

①**物流・管理機能**：百貨店、SC、路面店、EC業者など、取引先の業態により異なる納入方法に対応します。

②**在庫管理機能**：多くの小売業店舗は在庫スペースが限られるために、販売後の在庫を自社倉庫で預かり期中での途中追加納品で対応をします。

③**金融・危険負担機能**：百貨店の店頭納品時に仕入れが発生する「**委託取引***」の場合は、返品の発生があるために売掛金の精算時に回収します。その他の小売店は納入時点で仕入れが発生する「**買取取引**」として金銭管理の機能を持っています。

④**情報提供機能**：今後一番重要視される機能です。川中という位置関係ゆえに、川上の新商品開発情報や川下に集まる消費者の流行情報などを提供して業界全体の活性化につなげる機能です。

今後は、**多品種少量**、**流通短縮化**、急拡大するECに対応するビジネスモデルへの転換が迫られています。

用語解説

＊**委託取引**　百貨店に対して、アパレルメーカーが商品と派遣店員を手配して販売を担当していました。店頭を十分な商品で展開するために、商品を一旦仕入れ、メーカーへ支払いし、期末で残在庫を返品して、逆にメーカーの返金処理を受けていました。

主なアパレル卸のサイト

ショップサイト名	運営会社	URL
CROSS PLUS ONLINE STORE	クロスプラス株式会社	https://www.crossplus.jp/
ETONET（エトネット）	株式会社エトワール海渡	https://etonet.etoile.co.jp/app/logi
GOMEN Online（江綿オンライン）	江綿株式会社	https://www.gomen.jp/
GSIクレオス	株式会社ＧＳＩクレオス	https://www.gsi.co.jp/ja/index.html
netsea（ネッシー）	株式会社SynaBiz	https://www.netsea.jp/
R-online "The　Shop"	小泉アパレル株式会社	https://e-shop.renown.com/
self web shop	大西衣料株式会社	https://webshop.self.co.jp/shop/default.aspx
SUPER DELIVERY（スーパーデリバリー）	株式会社ラクーンコマース	https://www.superdelivery.com/
Tabio	タビオ株式会社	https://tabio.com/jp/
TOPWHOLE（トップホール）	Bleaf株式会社	https://topwhole.shop/
シャルレウェブストア	株式会社シャルレ	https://store.charle.co.jp/
タキヒヨー	タキヒヨー株式会社	https://www.takihyo.co.jp/shopping/
プロルート丸光	株式会社プロルート丸光	https://www.proroute.co.jp/wholesale
ヤギ	株式会社ヤギ	https://www.yaginet.co.jp/ja/index.html

（筆者調べ、順不同）

第5章 アパレルファッション業界の構造

4 SCMの利点と問題点

SCM＝サプライチェーン・マネジメントの効果。メリットには、リードタイムの短縮、売上げ増大、適正在庫の管理、各企業間・部門間の連携力向上等が挙げられ、組織全体の一体感も醸成してきました。

SCMによるリードタイム短縮効果

Supply Chain Management＝SCMとは**供給連鎖管理**（きょうきゅうれんさかんり）と訳されます。「商品の原材料調達から生産加工や在庫管理、流通や販売、そして、各プロセスに携わる物流など、商品の開発から消費者の手に渡るまでの一連の流れを指します」。チェーン企業間において、統合的な物流システムを構築し、各企業で**イントラネット***として社内業務に使用します。さらに、**エクストラネット**としてチェーン企業間で用いることで、**リードタイム***の短縮・削減につなげます。チェーン間で一連の流れを共有することで企業間・部署間のやり取りにムダがなくなり、円滑に進むことで、全体の業務スピードが上がります。

SCMによる適正在庫調整

企業の売上増のために重要な要素が在庫管理です。SCMの運用により、この在庫管理が適切に行えます。売上見込みよりも在庫数量が多く、在庫過多状態になれば、会社としてキャッシュが少なくなってしまいます。逆に、在庫不足状態であれば販売機会損失を招いてしまいます。つまり、SCMには、売れ筋商品や打ち出し商品なのに、在庫がないばかりに、販売チャンスを逃してしまうことを防ぐ効果があります。在庫管理は企業の利益向上・売上げアップにつながります。

リードタイム短縮で人的コストを抑え、適切な在庫

用語解説

***イントラネット**　直訳すると「内部ネットワーク」のこと。プロトコル（通信規格）を企業内ネットワークに適用したもので企業内など限られた範囲内で利用可能なネットワーク環境であり、ログイン・アクセスできるのも権限のある社員のみに限られます。

管理で販売チャンスを確かなものにしていく。SCMの運用と成功は大きな利益を生むことになります。

●SCMに求められる課題

日本の衣料品が今後の世界の競争環境の中で生き残るためには、次のような再構築が必須と考えます。

①**商取引慣行の是正**：産業界内に残る、他業種では見られない支払いサイトの長い手形や歩引き、未引取りなどの商慣行の廃止・是正、監視強化。

②**消費者ニーズの把握**：素材メーカーや縫製企業は指示通りに生産するだけで、消費者がどのような反応か把握できていない場合が多い。消費者のニーズや反応を把握できる環境整備。

③**設備投資と生産性の向上**：人材確保が困難な環境下で技術力を維持し、多様な製品の生産希望に応えるためのIT投資を中心とした設備投資。

④**人材の確保と育成**：製造と企画・販売・流通間の距離を縮めるために、各工程の人材が、他の工程について十分な知識と実体験を伴うことができるための時間と機会の確保が必要。

衣料品をはじめとする繊維産業のサプライチェーン

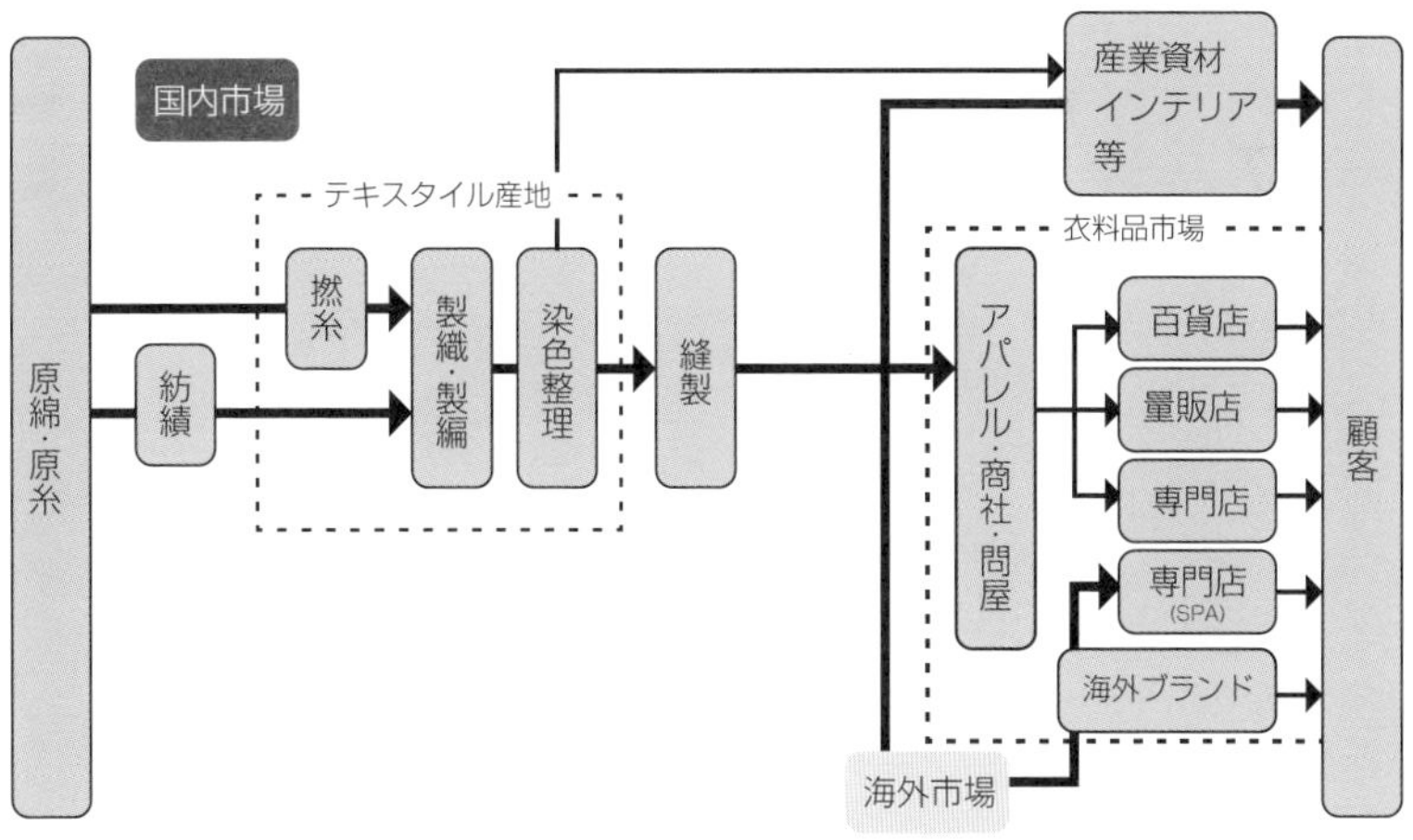

出典：日本繊維産業連盟資料をベースに筆者編纂

用語解説

＊**リードタイム**　leadとtimeを組み合わせた和製英語で、一般的には商品の発注から納品に至るまでの生産や輸送などにかかる時間のことをさします。リードタイムの短縮は、キャッシュフロー改善やサービスの差別化につながるため、製造業や物流業などの業種を問わず、ビジネスで重要視されています。

5 ファッション小売業はコト消費から

入卒や冠婚葬祭等の非日常行事。毎日の通勤通学やコンビニで買い物等の日常行事。外出先でも室内でも、どんな出来事でも、人は常に人と接して、見られる事を意識して洋服を着用しています。

●「モノ」を購入してもらうという意味は？

生活者の消費行動を表わす言葉は「モノ消費」から「コト消費」へ。さらに、その後には「**トキ消費***」「**イミ消費***」という言葉も表れています。どのような表現をされても、究極のところ、「モノ」を購入してもらうための意味付けである事には変わりません。ファッション産業であれば、「生活者に衣料品（モノ）を購入してもらい、着用して何らかの満足感を得てもらう」ということです。その満足感とは、着用している洋服そのものを他人様から見られて、何らかの評価をされて初めて確認できるものです。パンデミック前までの多くの人は、外出先で他の人と接したときに、カワイイ、ダンディ、ステキ、かっこいいと思われたくて、言ってほしくて『オシャレ』の需要が生まれていました。

●外出なしでもオシャレ着が必要

2019年末から2023年の春まで何度も外出に規制がかかり、多くの企業や学校でリモート対応になりました。ビジネスマンと言えば、外出の機会が減少し、スーツ需要が激減しました。しかし、結果的には、本来は人と直接会う必要がなくリラックスしていいはずだった室内着が、リモート映えするスーツライクな室内着に代わるという新たな需要が生まれました。「トキ」でも「イミ」でもなく、いつの時代であっても、どこにいても、人に見られるすべての「コト」＝着る理由になるという現実が明白になりました。

用語解説

***トキ消費**　博報堂生活研究所提唱。その瞬間にしか味わえない体験に参加し、何らかの貢献をする消費行動のこと。再現性のあるモノ消費、コト消費と違い、一生に一度しか体験できないことへ参加することに価値を感じることです。

●ファッション産業は「コト」の創出上手

あらゆる産業で、夢のような支出がされていたバブル期であっても、洋服を購入してもらうのには理由が必要でした。時代に応じた支出額の多寡はあっても、外出の機会＝「コト」を提供して、そのための洋服購入をお勧めするのはいつの時代でも変わりません。

最近では、各社のスタッフが参加して顧客と一体になれる行事、例えばアーバンリサーチやビームスの**キャンプフェス**、ＪＵＮの**ロックフェス**等。新たな出会いやお出かけの機会を企業全体やブランドとして大々的に広報して開催している行事が目立ちます。

他にも、著者が知る集客行事として、ブランドによるファッションショーの開催と招待。スタイリストによるコーディネートセッション。デザイナーとホテルでの食事会。時には個々のショップが主体になって、タイミングも顧客の人選もピンポイントで新しい「コト」＝消費を創出し続けてきているのがファッション業界です。

対外需要の高まりが追い風になった

▲気心の知れた仲間で楽しく食事する機会も増えた

▲シーズンによっては、キャップフェスなどのイベントも盛んだ

用語解説

＊**イミ消費**　博報堂生活研究所提唱。商品やサービスの社会的・文化的意味を重視する消費行動のこと。その商品を購入することで、二次的にどのような価値を生み出すかを重要視することです。

column

日本に未上陸の主なファッションブランド

日本に入っていない主なファッションブランドは以下の通りです。

●Everlane

アメリカのファッションブランドで、サステナブルな素材を使ったシンプルなデザインが人気。

●Sézane

フランスのファッションブランドで、フェミニンでエレガントなデザインが人気。

●Reformation

アメリカのファッションブランドで、サステナブルな素材を使用し、リーズナブルな価格帯が魅力。

●A.P.C.

フランスのファッションブランドで、クラシックなデザインが特徴で、高品質な素材を使用。

●& Other Stories

スウェーデンのファッションブランドで、トレンドを取り入れたエレガントなデザインが魅力。

●Cuyana

アメリカのファッションブランドで、高品質な素材を使ったシンプルなデザインが特徴。

●Rothy's

アメリカのファッションブランドで、リサイクルプラスチックを使用したシューズが人気。

●Aritzia

カナダのファッションブランドで、トレンドを取り入れた洗練されたデザインが特徴。

●Nanushka

ハンガリーのファッションブランドで、モダンなデザインと高品質な素材が人気。

第6章

SDGsを見据えたファッション業界

ファッションとSDGsはイメージが結びつかないと思います。しかし、世界の潮流としてSDGsを無視するわけにはいきません。衣料品の原材料、染色技術、縫製工場の対応、検品業務の厳格化、流通改革などまだまだ発展途上です。

How-nual
図解入門
業界研究

衣料品を身近なものにした化学繊維開発 1

絹、綿、毛などの天然繊維からつくられる衣料品はもとは高価なものでした。1884年にフランスで絹に似たレーヨンが発明されてから、次々と化学繊維が開発され衣料品が身近なものになってきました。

●天然繊維の代わりに開発された化学繊維

繊維は天然繊維と化学繊維に2分されます。さらに、天然繊維は植物繊維と動物繊維に。化学繊維は再生繊維と合成繊維に分かれます。合成繊維は主に石油を原料にして作られた化学繊維で、石油化学工業国である日本には、**東レ**＊、**帝人**＊、**旭化成**＊、**クラレ**＊等の繊維業界で大きなシェアを占める企業が数多くあります。

ポリエステル、**ナイロン**、**アクリル**が三大合成繊維と言われています。ポリエステルは1942年英国で、天然繊維の綿を代替するものとして開発され、米国デュポン社が1939年に絹に近いナイロンを、1950年には羊毛に近いアクリルを開発しています。

●世界が求める「新合織」の世界へ

日本の各社も技術改良・開発でしのぎを削りながら、1980年代後半まで天然繊維に近づけた製品開発をしてきました。しかし、台湾、韓国などのアジア諸国の企業台頭で苦戦したことから、天然繊維に似せた繊維ではなく合成繊維だからこそ実現できる「新合織」開発へ力を注ぎます。例えば、ウールのように見えても実は丈夫で、シワになりにくいといった特徴です。その結果、今では、エルメスなど海外ラグジュアリーブランドからも採用・認知され広がり続けています。新合織の価値は、改良を限界まで追求しようとする原糸メーカーと産地の加工業者との協力関係が

用語解説

＊**レーヨン**　人造絹糸（じんぞうけんし）、人絹（じんけん）とも呼んでいます
＊**東レ**　東洋レーヨン
＊**帝人**　テイジン：帝国人造絹糸

うまくいく日本だからこその開発可能な素材です。

●世界中を席巻した東レの化学繊維開発

東レの企業メッセージ「素材には、社会を変える力がある」と、ユニクロの企業理念「服を変え、常識を変え、世界を変えていく」とが協働という形で、長い年月をかけて開発してきた素材と製品が世界的に爆発的な売上計上をしました。2003年から発売の「ヒートテック」は、アクリル、ポリエステル、**レーヨン***、ポリウレタンの4繊維を混紡して、体温を逃さず、外気の冷たい空気を遮断する特殊な加工を施した素材です。また、2012年から発売の「エアリズム」はポリエステルとポリウレタンを使用して通気性、速乾性という機能を持たせ、夏の暑い季節に涼しく着用できるように加工されています。

このように、日本から発信する新素材は、顧客の要望にとことんまで応えようとする小売業と、その要望に沿った開発をする原糸メーカーの企業努力があって開発、発展し、さらに進化を続けています。

繊維の主な分類

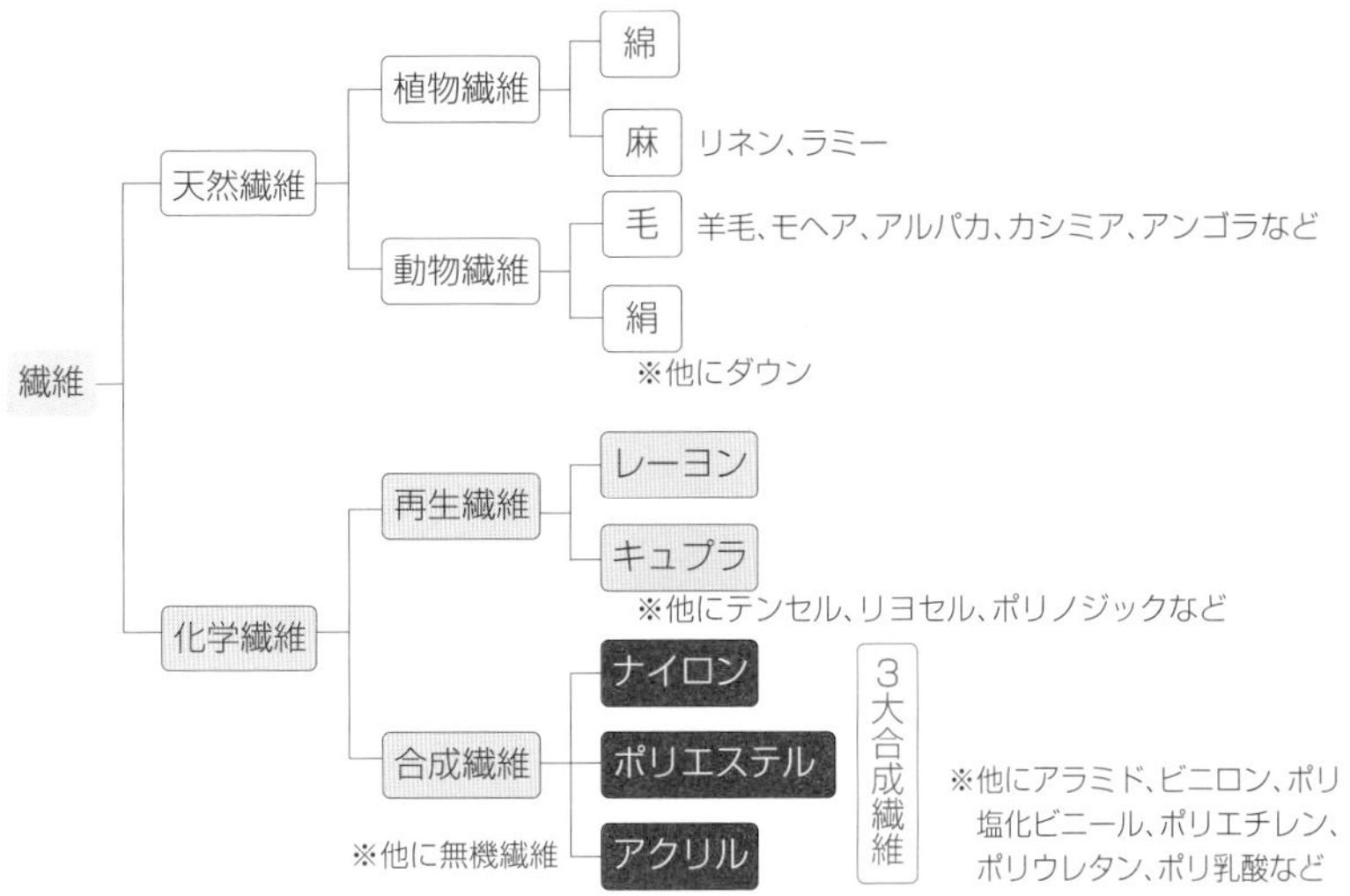

用語解説

＊**旭化成**　もとは旭絹織株式会社から旭化成へ
＊**クラレ**　倉敷レーヨンの略

2 試験機関とサステナブルの親和性とは？

洋服に限らずファッションを取り巻くあらゆるモノ、雑貨、インテリア、玩具、日用品、化粧品など生活用品全般、安全性、機能性、耐久性を第三者評価をして生活者の安心・安全を守るのが試験機関です。

●第三者試験機関としての活動内容

アパレル製品に関する代表的な検査機関としては、ニッセンケン品質評価センター（ニッセンケン）、カケンテストセンター（カケン）、日本繊維製品品質技術センター（QTEC）、ボーケン品質評価機構（ボーケン）などが一般財団法人として活動しています。

各機関とも、ここ数年はコロナ禍対応で、マスクや生活雑貨の抗菌・抗ウイルス性試験の拡大に対応してきました。通常業務としては、繊維メーカー、アパレル、商社、小売業各社が扱う製品化前の生地段階で第三者試験機関として各種試験・検査を行います。

試験項目としては、染色堅牢度、物理性能試験、寸法変化率など、検査項目としては、縫製、外観、機能、寸法や検針、洗濯の対応、有害物質の含有・発生など。原料・素材段階から生活者が着用するまでのあらゆる段階で試験・検査対応をしています。

●SDGsの推進と試験機関の取組例

SDGs推進への取組として、有害物質への法規制が日本より厳しい国があります。欧州をはじめ、アジア諸国でも法規制は急速に高まっています。試験機関の取組として、**ニッセンケン**の推進するエコテックス認証が、すべての国の規制をカバーできる安全基準になっています。一本の糸や染料、化学薬剤といった素材から最終製品、排水や労働環境も含めた企業や工場の生産体制、そして**トレーサビリティ**＊まで幅広い認証で最先端の安全性と信頼性を証明しています。

用語解説

＊**トレーサビリティ**　追跡と能力の2つを掛け合わせた追跡可能性をさす。その製品がいつ、どこで、だれによって作られたのかを明らかにすべく、原材料の調達から生産、そして消費または廃棄まで追跡可能な状態にすることです。

試験・検査・評価・検品の内容

試験名	
染色堅牢度	生地の色落ちや変色の程度を調べる試験です。その生地が生地の色が変わらないか（変退色）、ほかの衣類等を汚さないか（汚染）を確かめる試験
物理性能試験	生地の強度や毛玉のできやすさ等の試験
寸法変化率試験	洗濯などによる生地の伸び縮みを測定
製品検査	
外観・縫製・材料	製品に不良個所がないかをチェック
表示事項	「家庭用品品質表示法」に沿って表示をする必要
寸法・外観変化	製品を実際に水洗いやドライクリーニング処理を行い、不具合が発生しないかを確認
安全評価	
エコテックス	繊維製品およびその関連製品に特定芳香族アミンなどの身体に有害な物質が含まれていないことを証明する、全世界共通の「繊維製品の安心・安全の証」
検品	
検品	縫製、外観、機能、寸法、付属などの検品
検針	検針機に一点ずつかけ、商品に針などの危険物が混入していないかをチェック

国別有害物質規制比較　概要

○全面的に規制　△部分的に規制

国	日本	中国	台湾	韓国	欧州	米国	エコテックス
主な規制／試験項目	有害物質を含有する家庭用品の規制に関する法律	GB18401 GB31701	CNS15290	KCマーク	REACH	CPSIA	エコテックススタンダード100
ホルムアルデヒド	○	○	○	○	○		○
特定芳香族アミン	○	○	○	○	○		○
pH(水素イオン指数)		○		○			○
重金属（溶出）		○	○	○	○	○	○
重金属（含有）		○	○	△	△	○	○
残留農薬	△				△		○
フェノール類					△		○
フタレート（可塑剤）		○		○	○	○	○
有機スズ化合物	△		△	△	△		○
アレルギー誘発性染料				○			○
塩素化ベンゼン・トルエン					△		○
その他主な規制物質例	抗菌剤 難燃剤	染色 堅牢度	残留界面活性剤	難燃剤 DMF	複数項目	各企業基準	複数項目

3 無水染色の現状分析

境省の資料では、国内流通アパレル総量の水消費量は約83億㎥、服1着換算で2300ℓと言われています。染色過程での使用と排水が問題視され、解決に向けて新たな取り組みが始まっています。

●水を使用しない環境に配慮した染色とは

水を使わずに超臨界二酸化炭素を利用して染色する新技術が実用化されています。二酸化炭素を31．1度で超高圧7・4MPa以上（メガパスカル）をかけると気体と液体の中間状態という不思議な状態に変化します。気体と液体の中間状態は、物を溶かすことができ、溶かされた物質は細かい隙間まで入っていく特質があります。染料を溶かして繊維を入れておけば、染料が繊維の中に移り込みます。二酸化炭素は繰り返し利用できる上、**界面活性剤**などの助剤を使用しなくてすむので、染色の媒体として非常に優れているといえます。また、**廃液**が出ないため、処理施設が不要というメリットもあります。現状では、ポリエステル、アクリル、ナイロンに有効とされています。天然繊維を深く染めるまでの技術は現状では確立できていません。

●超臨界二酸化炭素を実用化した無水染色

繊維商社スタイレム瀧定大阪は、**超臨界***二酸化炭素を利用した、水を全く使用しない染色技術で作られた素材ZERO AQUA™（ゼロアクア）の販売を開始しています。ゼロアクアにより、大幅な節水を可能にしています。また、この超臨界二酸化炭素は繰り返し使用することができ、二酸化炭素排出削減効果も期待できます。さらに、染料以外の薬剤を一切使用せず、

用語解説

＊**超臨界**　気体と液体が共存できる限界の温度・圧力（臨界点）を超えた状態にある、通常の気体や液体とは異なる性質を示す流体

少量の染料で染色できることから、ゼロアクアは染色工程において環境負荷軽減効果のある素材となっています。

●原着糸による無水染色の更なる発展形態

繊維の染色は通常、糸段階での「先染め」と生地や製品になってからの「後染め」が良く知られていますが、どちらも大量の水が必要になります。

原着糸とは正式には原液着色糸といわれます。原液着色とは、ポリエステルなど化学繊維の紡糸工程前の段階の原液に、顔料や染料などの色材を加えて着色することです。その原液着色された繊維から作られる糸のことを原着糸と呼びます。紡糸工程から染色という都合で、**大量ロット**＊で黒、紺、茶などのベーシック色中心に作られていました。糸と色素が一体となっているため染色堅牢度に優れ、染色工程がないため、水の使用量もエネルギーの使用量も少なく、二酸化炭素の排出量も少ないエコな糸として扱われています。

染色は水を大量に使うという現実

▲これまで様々な色が世界の人々を魅了してきた

用語解説

＊**大量ロット**　過去の大量ロットでの発注という課題を改善に向け、香港のe.dye（イーダイ）社は自社設備環境を改良し、従来と比較して小ロットでの対応を可能としました。新たにデジタルカラーマネージメントシステムの採用で5000色以上の色レシピを有し、幅広い要望に対応できる色の再現性を実現しています。

4 製品の良さを際立たせるのが副資材

衣服は表地だけではなく、副資材という裏地、芯地や各種ボタン、ファスナー、スナップ、さらに、ブランドネーム、洗濯、サイズ表示などさまざまなパーツで構成され、一つの作品を際立たせてくれます。

●副資材が衣料品を活きたものへ

アパレル資材とは、一枚の衣服を構成するのに必要な材料のことです。表地（おもてじ）である**主資材**の生地とニット糸。それ以外の副資材に分けられます。**副資材**は更に、①繊維資材　②服飾資材　③商標資材の3種に分類されます。この主資材である表地に対して、3種の副資材が揃うことで、衣服の成型や機能性、装飾性を高め、よりファッション性や付加価値を感じさせる製品に仕上げます。

●各資材の特徴・役割分担は

・主資材

表地は生地と言われる織物、編物、不織布の3種とニット用の糸がその資材になります。織物は布帛（フハク）とも言われる布生地のことです。編物とニットの違いは、編物はパーツごとに裁断・縫製して縫い付ける、いわゆる**カット&ソー***のことで、ニットは裁断・縫製はせずに編んで取り付けます。不織布は、織っても編んでもいない生地のことです。

・副資材

①繊維資材：繊維でできた副資材のことで、裏地・芯地などがあります。裏地はジャケットやパンツの内側に使われ、すべりを良くしたり静電気によるまとわりを防ぐ役割があります。芯地はジャケットなどの衿やポケット口の裏側に使われ、形を整え、洗濯などの型崩れを防ぎます。

②服飾資材：衣服周りの細かいパーツのことで、各種

用語解説

＊カットソー　英語のCut（裁断）とSewn（裁縫）の略称からなる和製英語でニット素材の生地を裁断・縫製して作られる衣服の総称です。なお、カットソーの生地素材の範囲には様々な議論があります。

ボタン、ファスナー、ホック、ハトメ、テープ、レース、スパンコール、ビーズなどです。

③商標資材：ブランド名などの商標が入ったブランドネーム、素材混率や洗濯方法が入った洗濯表示、商品の品番、価格を表わす下札などの資材を指します。

●副資材がブランドステージを変える

企画段階で表地の生地が決定してから、むしろ副資材の選択・決定の方が時間を要します。その服の良さを最大限生かすために、ブランドとして、デザイナーとしてのこだわりと力量が試されます。ボタン一つをとってみても、数十円から数千円まで。裏地はポリエステルかキュプラか。芯地は毛芯か接着芯か。ファスナーの引手にブランドロゴを入れるか、入れないか。下げ札も、紙質から色まで、すべての副資材が価格も品質も、ピンキリの中から、着用する人の気持ちや評価までも意識して選択します。どこまで品質にこだわるか、着心地や使い勝手を求めるか、そして、予算内に収まるか。副資材の選び方ひとつで最終価格まで変わり、ブランドのステージまで変えることがあります。

主素材と副資材

大カテゴリー	中カテゴリー	資材名
主素材	生地（表地）	織物・編物（カットソー）・不織布
	ニット	糸
副資材	繊維資材	裏地・芯地
	服飾資材	ボタン（天然素材、非天然素材等）・ファスナー・ホック・ハトメ・テープ・レース・スパンコール・ビーズ等
	商標資材	ブランドネーム（織りネーム、プリントネーム等）洗濯表示（品質表示、注意表示等）・下札等

アパレル資材研究所　&CROP から著者加工

◀裏地のサンプル

ワンポイントコラム

＊**副資材と附属**　アパレル業界で実務に携わっているひとにとっては、ボタンやフックなどの細かなパーツは副資材というよりも、むしろ附属という方が馴染んだ表現だといえます。

5 技術水準の高さにヒカリが戻るとき

ファッション産業は、生産国として始まり、国全体で徐々にその感性が磨かれ消費国へと進化していきます。その変化が、あまりにも大きかった日本。今、新たなモノ作りへの挑戦に動き始めました。

●消えたメイド・イン・ジャパン

すべての素材と工程で日本製である事にこだわったモノ作りに対して「**J・クオリティー***」として認証している機関があります。メイド・イン・ジャパンを求める声に対する応えです。日本製衣料品の国内シェア推移は輸入品の浸透率から導き出せます。1991年に、日本における輸入品浸透率が点数ベースで51、8%であった数字が、直近の2019年には97、9%になっています。逆算すると、日本製の衣料品が50%近くあったものが、30年足らずで、2%までに減少してしまったということがはっきりします。日本製という点においては、原糸、原反（生地）から製品に至るまで、どの段階をとっても国際的に高い評価を得られている分野である事を考えると大変深刻な状況です。ほぼ同期間中の供給点数が20億点から35億点と約1，7倍になっています。低価格・大量生産という世相が背景に感じられます。ちょうど、中国が生産拠点として台頭し始め、さらに世界市場でファストファッションや、**SPA**といった業態が席巻した時代で、多くのアパレル企業がコストの低い海外生産へシフトした時でした。

●大量生産から、カスタマイズの時代へ

世界に誇れる几帳面さ、繊細さ、勤勉さで高い技術水準の日本の工場であっても、生産キャパ、速度、人

用語解説

＊**Jクオリティ**　「織り・編み・染め・縫い」の4つの工程をすべて国内で行った日本製アパレルであることを示す新しい認証制度です。今後の日本人のライフスタイルの質を高めていくにふさわしいコンセプトを持って共通マーケティングを推進していく商品のためのブランドです。

件費等、どれをとっても、**国際競争力**としては対応ができない状況でした。それが、2021年春ごろからの円安傾向や海外の人件費高騰、さらに国際的なSDGs対応に向けたファッション業界全体の急速な流れから、国内工場へ目が向けられる方向へと変わってきています。大量生産・大量廃棄への反省、個の時代から多品種で少量・微量生産や**カスタムオーダー**への期待。富裕層が求める、さらに高級なモノ作りへの要望。消費の流れに対して、完全に日本のモノ作りが応えになっています。

この30年間で、職人の高齢化と後継者不足が深刻化しています。同時進行で新しい機械設備や技術の進歩はありましたが、高級、高品質、少量というこれからの要望に応えられるのは、人の手によって成り立つことばかりです。現場では、次代のメイド・イン・ジャパンへの引継ぎが確実に進行しています。

#SUSTAINABLEFASHION
1990年と比較し
衣服の購入量は横ばいですが、
供給量は約1.7倍に増えています。
約35億着
約20億着
供給量
1.7倍
1990年
2019年
大量生産から適量生産への転換が課題です。
環境省

▲経産省　サステナブル資料から

メイド・イン・ジャパンを支える産業

これからの課題は
人手不足への対応

▲日本国内の縫製工場

6 アパレルメーカーという存在

川中に位置するアパレル産業には、実際に製品を作る縫製企業(工場)と、製品を小売業者へ売る卸売業、そして企画、デザイン、製造、販売もするアパレルメーカーの3業態に分類されます。

●アパレル産業のもうひとつの担い手

一般にアパレルメーカーと言われる業態は、メーカーという名称が付いていても、ほとんどの場合は自社工場を所有することはありません。核になる業務は、商品企画と、デザイン、提携工場への生産依頼になります。その商品の流通先として、百貨店主体の百貨店アパレル、専門店主体の専門店アパレルなどです。また、品種によって、メンズアパレル、レディスアパレル、子供服アパレルのような専業アパレル、2品種以上の総合アパレルという分類もできます。

●アパレルメーカーという呼称の解釈

アパレルと言えば、オンワード樫山や、**ワールド**、**三陽商会**、**ダーバン**、そして**レナウン***を思い浮かべる年配の人が多いと思います。アパレルといえば百貨店アパレルが思い浮かんだ時代です。アパレルというイメージが定着し始め、やがて、衣料品を扱う企業は製造面でも小売面でも、○○アパレルと言われるようになりました。しかし、今でもアパレル企業と言えば、企画、デザイン、製造を請け負うアパレルメーカーになります。

●アパレルメーカーからSPA型企業へ

製造卸売業を核とするアパレルメーカーにとっては、商品企画部門での戦略に社運がかかっています。その企画の要は顧客から直接の声であり、間に小売業

用語解説

***レナウン**　1902年創業。アーノルドパーマーやアクアスキュータムなどのブランドを抱え1990年代には世界最大のアパレル売上高を誇ったが、2020年5月経営破綻、6月上場廃止しました。

者を通さない方が正確になります。同様に、小売業者もアパレルメーカーからの商品仕入れよりも、自社の顧客からの声を企画・製造、販売した方が効果的です。両業種にとって、すべて自社運営の方が中間マージン等がなく、より消化率が高い、価格の低い商品を市場に展開できることができ、理想的な企業運営に近づきます。

90年代になり、バブル経済崩壊後の生活者の低価格志向と、円高で輸入増加した海外製品との価格競争に対抗するために、工場関連業務のほとんどが海外へ移転しました。この時から産業の空洞化が始まります。同じころ、米国GAPが原型になるSPA型企業が業績を伸ばし、ZARAやH&M、ユニクロ等、世界中で自社による企画、製造、販売の一貫体制の仕組みを作った企業が業績を伸ばしてきました。これを契機に業績不振だったアパレルメーカーからSPA、小売業者からSPAへと多くの企業が舵を切り直し、新たな数字に向かって挑戦し始めています。

栄華を極めたアパレル会社の今

▲レナウンがあったビル

7 日本独自の存在「ザ・ショウシャ」

日本のファッション産業の流通構造であった川上・川中・川下のすべての段階に関わり、各分野のありとあらゆる役割を担って、その成長を支えてきたのが繊維専門商社、あるいは総合商社の繊維部門です。

●アパレル商社の役割、仕事とは？

いわゆるアパレルサプライチェーンの川上・川中・川下の全工程で、長年にわたり**総合商社**＊の中の繊維部門と、**繊維専門商社**＊が関わってきました。もともとは繊維製品の輸出入が仕事の中心でしたが、やがて国内外を問わず、原材料やテキスタイル、アパレル商品など、あらゆる商材に関して、仕入れと販売、売り手と買い手との取引仲介役を担うようになりました。

また、物流ネットワークの構築をすることで、アパレル流通業全体を円滑にしてきたという歴史もあります。さらに、海外ブランドの使用権を取得して商品を製造、販売するライセンス事業を拡大して、商社自ら小売業に参入する事例も増えてきました。

●アパレル商社とアパレルメーカー

アパレルメーカーは、商品の企画、デザイン、製造をしてアパレル小売業にその商品を卸す業種です。アパレル商社は、そのアパレルメーカーに対して、アパレル小売業や商品の生産委託先、テキスタイルメーカーとの仲介役が中心業務です。さらにマーケティングや流通企画、イベント展開、ブランディング等を行い、販売までのプロセスも担います。また昔ながらの海外との生地や商品の売買、製造にも携わります。

アパレルメーカーがSPA化への流れから、商社機能や小売機能を備え、アパレル商社も事業規模拡大に伴い、アパレルメーカーの機能を備えつつあるため、両業種の境界は薄れつつあります。

用語解説

＊**主な総合商社**　伊藤忠商事、三菱商事、三井物産、丸紅等

＊**主な繊維専門商社**　蝶理、瀧定、タキヒヨー、モリリン、ヤギ、豊島、田村駒等

●アパレル商社の今とこれからの課題

90年代になり、バブル経済崩壊後に工場関連業務のほとんどは工賃が低い海外へ移転しました。アパレル商社は海外に縫製工場を開拓し、日本へ輸出するビジネスを拡大してきました。それが国内メーカーから委託を受け、中国や東南アジア、バングラディシュなどの縫製工場に生産委託をして仲介料を得るOEMビジネスの展開です。

一方で、糸やテキスタイルなどは相変わらず海外著名デザイナーやラグジュアリーブランドからの評価は高く、引き合いが多かったために、その輸出は堅調に進んでいます。2023年以降も、日本経済の低迷に伴い円安傾向がこのまま継続する状況であれば、その輸出攻勢はさらに加速されることになります。

今後、商社の役割として望まれるのは、世界的に進むサステナブルで高品質な商品への要望に対して、実際に具現化できている日本のアパレル生産体制をどこまで海外へ売り込みできるかということです。

総合商社とアパレル商社

商社は今や業界内で
大きな存在になった

商社マンは打ち合わせ
も重要な仕事

8 水際で完成品へ導く技術集団の存在

日本国内で流通する衣料品のうち、約98%が輸入品と言われています。海外製品も日本ブランドの海外生産委託品も、国内を流通する前にブランド毎の基準に従った検品を任されている企業があります。

●アジア圏が輸入品の主要国に

98%の輸入品の内、中国が第1位の58・7%、第2位は2009年にイタリアと入れ替わったベトナムの13・1%です。これらの国で、日本の企業が生産を委託する時は、自社工場を建てるよりも、主に現地の縫製工場へ生産委託をすることになります。その場合、各企業は熟練した技術者や監督者を派遣して、生産スタート時点から技術水準の向上と維持を、今では、働く環境の整備も図るように手配します。しかしながら、中国などは、**春節***（旧正月）休暇明けには工場に戻らない労働者や、転職をしてしまう労働者も多く、なかなか熟練度が上がらないという問題があります。そのような事情もあり、各工程と最終検品は実施されますが、どうしても品質の維持ができない場合が出てしまいます。そのために第三者としての検品業務が現地の通関前、あるいは、日本国内で**委託元企業**の納品前に実施されます。

●第三者検品は機械と熟練工二段構え

検品は委託元企業の縫製仕様書や完成品をもとに、熟練担当者によって、外観の検品、汚れ、キズ、ほつれや、仕上がりの縫製仕様確認に精度の高い検品が行われます。また、**PL法**に関わる針混入に対しては、検針機による検査に加えて、X線検査機を導入して不良品ゼロを目指しています。さらに、プレス仕上げ、ネーム付け、袋詰め、ハンガー掛け、セット組みから入出荷まですべての作業を請け負う企業も増えています。

用語解説

***春節**　中国の伝統的なお正月で、旧暦の正月にあたる日を指します。中国では、春節は最も大きな祭りであり、家族が集まって食事をしたり、花火を打ち上げたり、紅包（お年玉）を贈ったりするなど、多くの習慣や風習があります。この時期は、現地工場などは休業になります。

国内アパレルの供給点数の推移

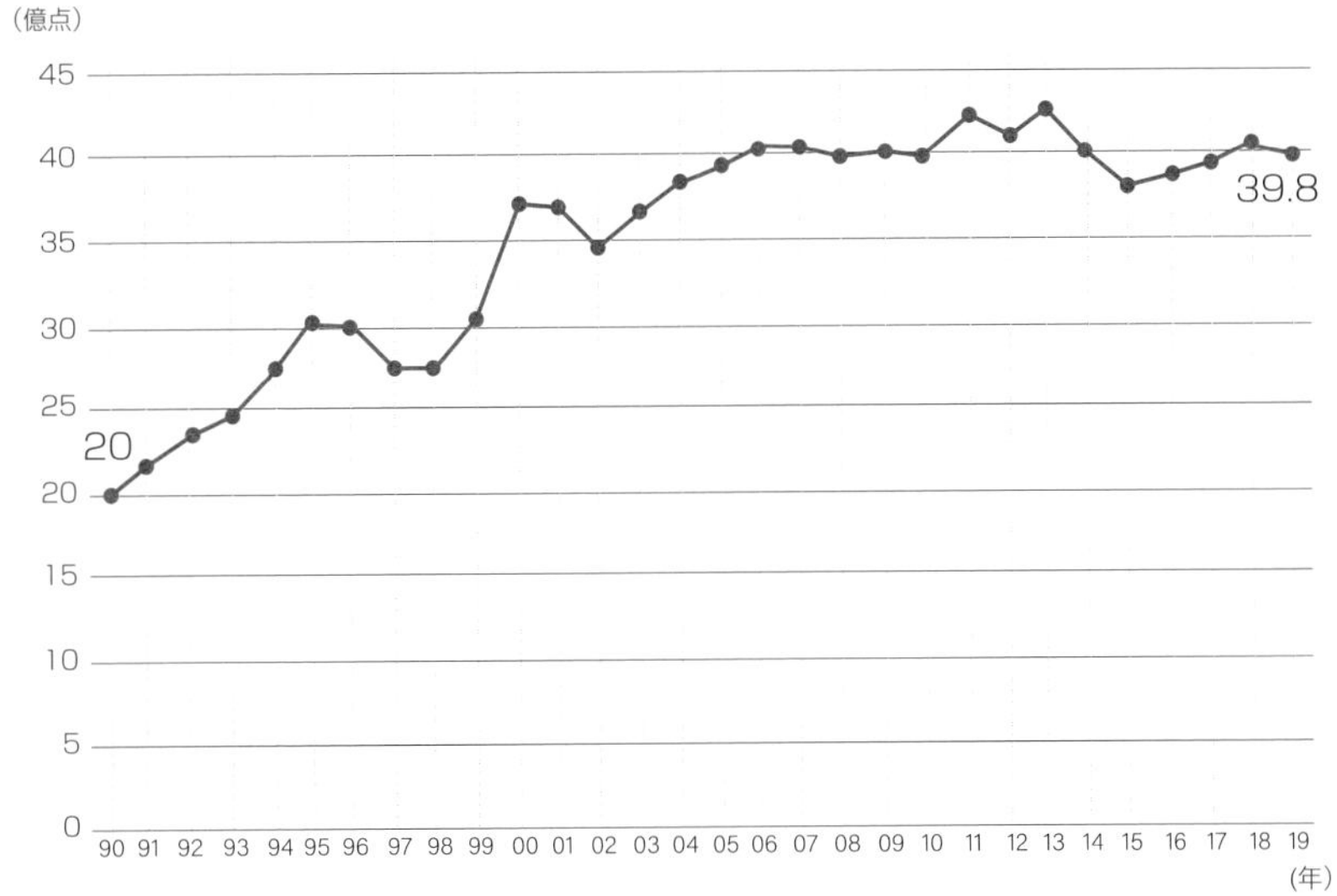

経済産業省　　（出典：生産動態統計、貿易統計、（日本繊維輸入組合）のデータを基に筆者編纂

2020年繊維製品・主要供給国別　輸入概況

2009年			
上位10カ国		金額（百万円）	前年比（%）
1	中国	2,313,733	91.0
2	ベトナム	113,584	106.5
3	イタリア	83,233	67.3
4	韓国	48,804	84.9
5	インドネシア	45,187	79.0
6	タイ	44,410	87.8
7	米国	31,627	74.4
8	インド	28,986	79.3
9	台湾	28,641	70.1
10	ミャンマー	14,017	101.9
その他諸国		157,437	81.5
全世界		2,909,659	89.2

2021年			
上位10カ国		金額（百万円）	前年比（%）
1	中国	2,154,005	93.5
2	ベトナム	479,018	90.9
3	バングラディッシュ	135,115	114.9
4	インドネシア	134,624	99.5
5	カンボジア	124,602	106.0
6	イタリア	92,680	99.1
7	タイ	85,486	101.2
8	ミャンマー	74,733	72.4
9	台湾	45,169	109.4
10	インド	44,018	115.6
その他諸国		301,297	105.0
全世界		3,670,747	95.2

出典：財務省貿易統計

column

海外の人気セレクトショップ

海外にも人気のセレクトショップがあります。海外のセレクトショップは、地元のファッションシーンに合わせたアイテムを厳選して取り扱っていることが多く、その国や地域ならではのトレンドを反映しています。海外旅行者の中でも、ファッションに敏感な人たちに人気のショップがたくさんあります。

海外の主なセレクトショップとしては、以下のようなものがあります。※日本上陸ブランドも含む

●Dover Street Market（イギリス・ロンドン）

世界中のブランドから、コムデギャルソンやヴェトモンなど自社ブランドまで、幅広く取り扱っている高級セレクトショップ。

●Opening Ceremony（アメリカ・ニューヨーク）

グローバルなセレクトショップで、世界中のブランドから厳選されたアイテムを取り扱っている。

●10 Corso Como（イタリア・ミラノ）

ミラノ発のセレクトショップで、ファッション、アート、デザインなど、様々な分野のアイテムをセレクトしている。

●Boon The Shop（韓国・ソウル）

韓国のトレンドを反映したアイテムや、世界中の高級ブランドをセレクトして取り扱っている。

●SSENSE（カナダ・モントリオール）

世界中の有名ブランドや新進気鋭のブランドを取り扱っている、カナダのオンラインセレクトショップ。

●Antonioli（イタリア・ミラノ）

世界中の高級ブランドや新進気鋭のブランドを取り扱っている、イタリア発のセレクトショップ。

第7章

ファッショントレンドの移り変わり

ファッションにはトレンドがあります。いわゆる最先端の流行傾向です。それは、カラートレンドの決定工程、素材に関するトレンドの発信、コレクションという場での訴求、トレンドリーダーとしてのメディアの役割などです。

How-nual
図解入門
業界研究

1 カラートレンドの提案は2年前から発信

洋服を作るには素材が必要です。素材には糸が必要になります。それでは、その糸を何色に染めたらよいのか?という課題に行きつきます。世界的なトレンドはカラーの提案、検討、発信から始まります。

●色が意味するもの、訴えるもの

話し言葉として、世界中の人々に共通する言語はありませんが、世界中で視覚的に共通する言語が色そのものではないでしょうか。ただし、見え方が同じでも、国や民族によって、あるいは個人の育った環境の違いから、その色から連想されるイメージや、意味するものの、いわゆる色彩感覚が違うのは周知のとおりです。白色ひとつを例にしても、日本や欧米で純潔、神聖というイメージでも、中国の一部地域では陰湿や不吉をイメージしたりします。良かれと思って使用した色が相手によっては失礼に当たることもしばしばあることですから、ファッション業界で世界戦略が必要なブランドでのモノ作りにおいては、色使いにはグローバルな知識と**カラーコントロール**が必要になります。

また、飲料水で企業カラーが赤色の国際的な企業は?といえばコカ・コーラ社。企業カラーが黄色の国際宅配便の企業は?といえば**ＤＨＬ**＊。日本の三大メガバンクの色は赤、青、緑など。色ひとつで企業そのものをイメージすることができます。これほどまで人々の生活に印象深く入り込み、様々な影響を与える色。ファッションの世界ではどのように扱われていくのでしょう。

●2年前に決定するトレンドカラー

人々の生活に密接に関係する色であっても、アパレル商品や化粧品、工業製品などすべての産業で、世界中の各国でそれぞればらばらで好みの色ばかりを

用語解説

＊**DHL**　ドイツの国際物流企業で、世界最大の国際エクスプレス・物流会社のひとつです。1969年に設立され、現在は世界220か国以上でサービスを提供しています。DHLは、航空貨物や海上輸送、陸上輸送など、多岐にわたる物流サービスを提供し、グローバルなネットワークを所有しています。

打ち出してしまうと、消費者も小売業者も、それらを取り上げようとするマスコミも混乱してしまいます。結果的に何かの色が流行しても、製造する企業側がその修正に追いつかなくなります。そのような問題を解決すべく、毎年ある程度一致した色を打ち出し、市場全体の秩序維持と利益の向上を図ろうとして設立されたのが国際流行色委員会（**インターカラー**）です。

1963年、フランス、スイス、日本を主導に11ヶ国で発足し、2022年時点で加盟国が17ヶ国になっています。実シーズンの2年前の6月には春夏、12月には秋冬の年に2回、加盟各国の色彩情報団体が集まります。各国代表が持ち寄った色をもとに加盟国の各種産業で使用する色を提案、議論をして決定します。その選定色を基準に、各国のモノ作りの産業・企業がマーケット事情を勘案して、商品開発へと進みます。

日本国内での決定は、国際会議での決定半年後、日本流行色協会で実シーズン1年半前に国内市場向けカラーとして、より具体的な色を協議して決定します。

カラートレンド情報の流れ

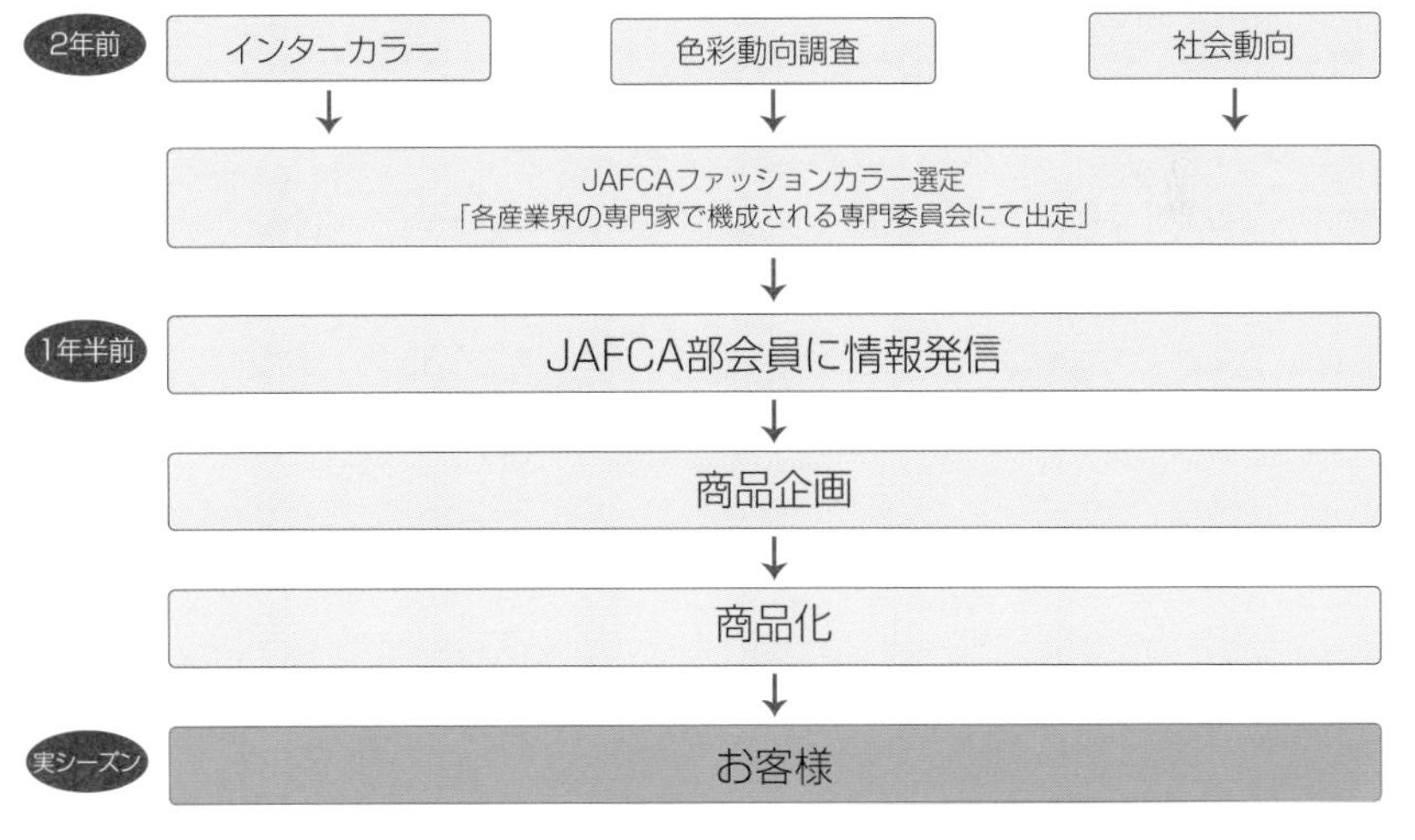

出典：日本流行色協会のHPをもとに筆者作成

2 1年前には素材展示会でトレンドの発信

トレンドカラーが決まれば、次は素材です。トレンド情報会社の発信する情報と自社のリサーチから、市場の売れ筋素材を予測して素材開発をします。各地の素材展示会に出品してトレンドを探り当てます。

●1年半前に総合的トレンド情報発信

カラートレンドがある程度決まると、その6か月後、すなわち実需期の1年半前に総合的なファッショントレンド情報が発信されます。**WGSN**＊、**カルラン**＊、トレンドユニオン、ペクレールといったパリを中心にしたトレンド企画情報会社から、トレンドブックの発行や世界各地でトレンド予測セミナーが開催されます。各情報会社による世界情勢のリサーチや分析をもとに、未来の消費者嗜好、ライフスタイル、ファッション、カラー、素材感などをビジュアルイメージやキーワード、コンセプト、デザイン全般に落とし込んで発信されます。トレンドブックは各企業のモノ作りに関わる担当者にとって、頼りになる参考書です。

●素材開発・展示会は実需期の1年前

トレンド情報の発信と並行して、素材開発が進められています。ここでいう素材とは、糸（ヤーン）と布地（テキスタイル）です。ヤーンの展示会としては、エキスポフィル（パリ・主に織物の糸メイン）が開催され、続いてピッティ　フィラーティ（フィレンツェ・主にニット糸メイン）が、それぞれ糸のトレンド予測の代表的展示会として年に2回開催されます。

●世界3大素材展示会

糸のトレンド予測の後には、いよいよ世界的に有名な3大素材展示会が開催されます。

用語解説

＊**WGSN**　ロンドンを拠点に世界のファッションビジネスに有益な情報をインターネットで提供する情報サービス会社（旧Worth Global Style Network）。日本の伊藤忠ファッションシステム株式会社と業務提携しています。

①ミラノ・ウニカ（ミラノ）

イタリア国内各地で行われていた展示会を2005年にひとつに集約して、国際的な大型展示会に発展させました。生地や糸、ボタンなどの小物・副資材など様々な**ファッション素材**が出展されています。

②プルミエール・ヴィジョン（パリ）

世界50ヶ国以上から出展社が集まり、世界中のバイヤーが来場します。毎回「テキスタイル」「アクセサリー」「レザー」「副資材」「製造」「糸」「デザイン」にカテゴリー分類され、最もファッション全般に影響のある展示会として認識されています。

③インターテキスタイル上海（上海）

世界最大規模の国際素材展示会です。生地やアクセサリー、CAD・CAM関連情報などがまとめられたアジア圏で開催される国際展示会です。

いずれの展示会も、年に2回、実需期のほぼ1年前に開催され、最新ファッション、技術、トレンド情報などの収集が十分にできます。オンラインでも開催されており、商談が可能になっています。

リアルな場での商談も復活傾向

▲素材展示会での商談イメージ

用語解説

＊**CARLIN International（カルランインターナショナル）**　1947年、フレッド・カルランが設立した世界初のファッション企画情報会社。フレッド・カルランは国際流行色委員会の設立者の一人です。日本ではグローカルネットが業務提携しています。

3 半年前から、いよいよコレクション開催

世界のファッション界をリードするのは4大コレクションです。コロナ禍でできなかったリアル開催が2023年より復活し、その好影響が来年から出てくるものと、日本国内含め業界関係者の多くが期待しています。

●2種類のコレクションが世界を牽引

コレクションとは各ブランドやデザイナーが新たなコンセプトやイメージをファッションショーという形で発表する場です。オートクチュールとプレタポルテの2種類から成り立ちます。

①オートクチュール・コレクション

Huute（オート=高級）、Couture（クチュール=縫製・仕立服）というフランス語で一点ものの最高級仕立服のことです。オートクチュールという言葉は、パリのオートクチュール組合に所蔵する**メゾン**＊でしか使用できません。各メゾンのファッションショーの後に顧客から注文をとり、採寸、仕立に入ります。メゾン専属の職人（お針子）による手縫いで1着が300万円程度からの1点ものばかりです。顧客はセレブリティと呼ばれる上流階級の人が中心になっています。このコレクションはパリだけで1月、7月に開催されます。

②プレタポルテ・コレクション

手縫いの最高級仕立服・オートクチュールに対してPret（プレ=準備できている）－a－porter（ポルテ=着る）という意味のフランス語で高級既製服と訳されています。オートクチュールのように特定顧客からの注文ではなく、現在、最も一般的な手法である、標準体型からパターンを作成して、裁断、ミシン縫いで仕上げたもので、量産も可能です。もともとは販売目的で開催されていたコレクションですが、今はショーとしての意味合いが濃くなり、話題性を意識した傾向が強くなってきています。各ブランドが来シーズンに

用語解説

＊**メゾン**　会社、店のフランス語で、オートクチュールの店をメゾン・ド・クチュールといいます。

どんなテーマを掲げて新作を発表するのかを提示する場です。基本的には半年先の流行を発信するために、1～4月にはその年の秋冬物を、9～11月には来年の春夏物と、半年先取りのファッションを発表します。また、プレタポルテにはメンズコレクションもあり1月中旬～下旬、6月下旬～7月上旬に開催されます。

●世界4大コレクションと東京

世界的なコレクションは4大都市のニューヨーク、ロンドン、ミラノ、パリの順で開催され、その後に東京で開催されます。巨大なマーケットが控えるニューヨーク、パリに次ぐ開催規模のミラノ、若手の台頭が目立つロンドン、最高峰と言われるパリコレが最後です。開催地域によって参加するデザイナーが違い独特の傾向が見られます。特にフランスは国家戦略上で服飾文化が重要な位置を占めるため、政府がコレクションを全面的に支援しています。他のどの都市も民間主体の開催のため、スケールもステータスも注目度もパリがはるかに上回ります。後発になる東京は、4大都市の終了後に開催されます。

世界中から注目されているコレクション

▲トレンドリーダーが集まるコレクション

【コレクションとファッションショーの違い】　ファッションショーが「ブランドやデザイナーが1つのステージで作品を披露する場」とすると、コレクションは「いくつかのファッションショーをまとめた総称」といえます。

4 街角で生まれたからストリート系

ストリートファッションは、ファッション業界が発信する流行のスタイルではなく、街中で集まる若者たちから自然発生的に生まれ、広がり、発展してきたファッションスタイルのことです。

●「ファッション」の定義と範囲

ファッションにはコレクションなどを通じてファッション業界から発信される「モード系」と、街中で実際に着られていて、そこから生まれた「ストリート系」の2種があります。

ストリートファッションは、その時代背景である社会情勢や、スポーツ、音楽、映画などの影響を受けた若者たちの自由な発想から生まれました。

現在は、ストリートでの自由を象徴するかのような、ゆったりとしたルーズなシルエットでラフに着られるものが多くなっています。ロゴ付きTシャツやスウェット、小物もカジュアルでスポーティーなキャップや**バケットハット**＊、リュックを取り入れ、足元は基本スニーカーになっていることが多いようです。

●ストリートファッションの流れ

日本での**ストリートファッション**の始まりは、70年代後半に神戸の女子大生を中心に広がったエレガンスファッションの「ニュートラ」といわれています。その後に広がった「ハマトラ（横浜トラッド）」。男子学生にはプレッピーといったトラッドファッションが広がりました。同じく映画の「トップガン」の公開された80年代は、ミリタリーテイストのファッションが世界的に大流行しました。その後には黒人系の人たちが着ていたオーバーサイズのヒップホップ系ファッションで『B系』と呼ばれるスタイルが広がります。オーバーサイズ系では、スケートボードをする若者か

用語解説

＊**バケットハット**　ツバが短めで逆さにしたらバケツにフォルムが似ている帽子のこと。ヒップホップファッションを象徴とするアイテムで、90年代ファッションが流行した2015年頃から、ブームが再燃しています。

ら影響を受けた『スケーター系』も広がりました。その流れは、『TOKYO2020』オリンピックでの日本人スケートボーダーの大活躍で、更に、**スケーターファッション**とスケートボードスポーツそのものを広げています。

●ストリートファッションの発信地

日本でのストリートファッションの発信地といえば渋谷、原宿、青山、銀座などがあげられます。国内どころか、世界中のコレクションデザイナー達がお忍びで訪れて、ストリートのリサーチをして、そのファッションを自身のデザインソースにしていることは業界的には良く知られています。そのわかりやすい代表例が90年代に流行った**ルーズソックス**です。2014春夏パリコレクションで登場して、MIUMIU（ミュウミュウ）2022秋冬コレクションで再登場です。

現在は、インスタグラムやピンタレストのSNSを活用したネット上から発信された情報が拡散されてファッションの発信源となることが多くなっています。

ストリーファッションが流行をけん引

▲Z世代に絶大な人気のスケートボード

5 女性誌がトレンドセッターの先生だった

女性誌、男性誌といわれる紙媒体が一時代のファッションリーダー的存在であり、教科書であり、バイブルだった時代があります。紙媒体といわれる各誌が今後どこまで時代をリードできるでしょうか。

●雑誌がファッションリーダーだった

ファッション雑誌と編集長を一躍有名にしたのが2006年に公開され世界的大ヒットを記録した映画、アン・ハサウェイ主演の『**プラダを着た悪魔**』でしょう。Vogueの鬼編集長として有名なアナ・ウィンターをモデルにしたといわれている映画です。その中で表現されているように、世界のファッションの流行は彼女が作っているとまでいわれるカリスマ編集長と、その編集長がすべてを仕切る雑誌の存在。最新のファッション情報は、時代を先読みする洞察力と行動力から生まれた雑誌から発信されていました。

1867年に現行では世界最古のファッション雑誌HarpersBAZZARがアメリカで創刊されます。それ以来各国でさまざまなファッション誌が創刊されています。有名なところでは、COSMOPOLITAN（1886年・アメリカ）、Marieclaire（1937年・フランス）、ELLE（1945年・フランス）、**VOGUE**（1982年・アメリカ）などです。それぞれ日本語版も出版されており、ファッションを愛する人たちの教科書のような存在として、時代をリードしてきました。

●日本におけるファッション雑誌文化

1936年に『装苑』（現在も隔月刊誌・WEB対応なし）、1946年『ソレイユ』（～1960年）など服飾雑誌が創刊。1970年には『**アンアン**』、71年には『**ノンノ**』、75年には『**JJ**』が創刊します。このころか

用語解説

＊**アンノン族**　1970年に平凡出版社から創刊されたファッション雑誌『anan』と、次いで1971年に集英社から創刊された『non-no』から生まれたおしゃれな服を着てファッション雑誌やガイドブックを片手に、一人旅や少人数で旅行する若い女性を指します。

ら、ファッショントレンドが雑誌と一緒に進化して女性文化の醸成に一役買いました。

『**アンノン族***』は女性だけの旅行をファッションとして取り上げ、『JJ』は女子大生ブームを作り、88年創刊の『Hanako』が、OLブームをつくりました。消費の主役として女性の存在を大きく取り上げ、女性たちの精神的自立や、新しいライフスタイルの提案をしてきました。

●女性誌は年代別カテゴリーに

雑誌社ごとに、女性誌を年代別にカテゴライズして全ての年代層を取り込もうと次々と創刊されていきました。例えば、光文社では『JJ』で女子大生向け、1984年『CLASSY』20代後半、95年には『VERY』30代中心、2002年『**STORY***』40代中心、08年『HERS』50代中心という流れです。各社、各誌ともWeb時代を迎えてチャネルの多様化を進めながら、ファッションの力で、現在の読者像の変化に対応しようとしています。

街がファッションのトレンドになった例

近沢レース店
Le Beau
「ミハマ・キタムラ・フクゾー」は今でも変わらず人気ブランドだ

▲ JJが提唱した「ハマトラ」の発祥の地「横浜元町」

用語解説

＊**STORY**　2013年に創刊。当初は、30代女性を中心に支持され、その後、20代後半の女性にも人気が広がりました。STORYは、ファッションのトレンドに敏感な読者から支持を集めており、洗練されたファッションや美容の情報を提供することで人気があります。

6 デザイナーとしてのトレンド発信

デザイナーとしての業務は、アパレル製品のデザインだけにとどまらず、大手企業においては、クリエイティブディレクターを兼務するなど、ブランド全体の方向性を創造することが多くなっています。

●デザインがブランドの方向性を示す

世界有数のラグジュアリーブランドの商品を扱うコレクションデザイナーも、いわゆる中堅アパレル企業の中で、商品を扱う企業デザイナーも、最終商品としてのデザインを創作していることに違いはありません。大きく異なる点は、コレクションデザイナーは、**クリエイティブディレクター**＊も兼務することで、企業の方向性を決定する重要な役割を担っていることが多くなっているという点です。そこで決定した商品の方向性やテイストを自社のデザインチームと共有して商品開発を進めます。一方の企業デザイナーは、経営会議等で決定されたブランドの方向性に則ってデザインの創作にとりかかります。

●コレクションデザイナーの発信源は？

デザイナーにとっては、そのデザインの発想元になるデザインリソースが必要になります。特にラグジュアリーブランドのデザイナー交代時には、必ずと言ってよいほど、そのブランドのたどってきた歴史や過去の作品群、販促資料を見返して新たなデザイン創作の土台にするようです。さらに、国際流行色委員会から発信された**トレンドカラー**や、**プルミエールヴィジョン**等の素材展示会から提案された生地見本。また、世相を反映する雑誌や映画、世界情勢等もリソースとして取り込みます。それらのすべてをデザイナー自身、あるいはデザインチームのフィルターを通して新作コ

用語解説

＊**クリエイティブディレクター**　ブランド・ビジネスの責任を担い、服のデザインをはじめとして、ブランドの広告やイメージ戦略などまでをクライアントに近い位置で顧客目線で問題点の根本を考えて、デザインの視座から解決方法を探り提案し、統括するポジションです。（P144を参照）

レクションを世界に向けて発信することになります。

●企業デザイナーの発信源はどこに?

企業デザイナーにとっての、一番のリソース*は、コレクションデザイナーが新作コレクションで発信した作品が大きなヒントになっています。新作コレクションで発信される作品は、どのブランドもそのまま市場で着用するのには、やや尖り気味です。そこから少しかみ砕いて、新たな解釈を加えて市場に向けたデザインを起こすことで、商品として成り立つようにします。最終的に生活者と言われる人たちが購入できるような、商売ベースのデザインにするのが企業デザイナーとしての大きな役割になります。

コレクションデザイナーにとっても、企業デザイナーにとっても、程度の差はあっても発信する情報にトレンドを取り込んでいることには変わりがありません。業界関係者に向けて発信するのか、市場の生活者に向けて発信するのか。デザイナー達が発信する情報の方向性によって、その年の世界の見え方が大きく変わるといえます。

デザイナーは見た目よりハードワーク

▲デザイナーの仕事で打ち合わせは重要な時間になる

用語解説

***リソース**　発想のもと、資源、源泉の意味で、活用することによって価値を生み出すものを指します。

column

業種と業態ってなにがどう違うの？

本書の中ではもちろんですが、ファッション業界はじめ、さまざまな業界で実務をしていると、よくでてくる言葉に「業種」と「業態」という似た言葉があります。しかも、頻繁に同じコミュニケーションの中で使われます。ここでは、小売業における業種と業態について確認をしましょう。

「業種」とは、「取扱う商品の種類」によって小売店を分類したものをいいます。例えば、酒屋・電器屋・薬屋・洋服屋・靴屋などといったものがこれにあたります。つまり何を売るか、「売り物」「売る商品」による分類の仕方で分けたものが業種です。

「業態」とは、営業形態、店舗の運営方法による分類をいいます。例えば、百貨店・コンビニエンスストア・ディスカウントストアなどのことで、同じ商品を扱っているとしても、その提供の仕方が異なります。つまり、どのように売るか、「売り方」「売る方法」による分類が業態といえます。

ファッション産業だけを例に解説すると、業種には「紳士服」「婦人服」「子供服」「ランジェリー・下着」「衣料品雑貨」等に分類されます。業態には「百貨店」「専門店」「ＳＰＡ」「セレクトショップ」、さらにはイオンを代表とする「ショッピングセンター・ショッピングモール」、ルミネ、パルコ等の「ファッションビル」、そして「アウトレットモール」など多岐にわたります。

どの国でも、業種別小売業が発達しながら、商品が多様化し、生活者の価値観も多様化してきました。取扱品目が単一の昔ながらの業種店では生活者のニーズを満たしきれなくなってきたため、そこから広がった考え方が業態という百貨店やショッピングセンターという捉え方になります。

第8章

販売チャネルの多角化が及ぼす影響

ここでは販売チャネルの現状分析と未来志向を解説します。百貨店顧客層の変遷、SCやGMSの課題、エキナカや駅そばのファションビルの今後、ZARAやユニクロの未来戦略、セレクトショップとECの融合、アウトレットが抱える諸問題などです。

1 百貨店は誰を相手に収益を上げるのか？

新しいタイプのビジネスモデルとしてフェムテックやメタバースに取り組み始めた百貨店ですが、各店による新たな顧客対応や囲い込み、品揃えへのシフトチェンジが今後の百貨店の方向性を示しています。

●富裕層シフトが百貨店の生存策だ

駅前の一等地に巨大な店舗を構え、老若男女を幅広く集客していたのが百貨店です。その不特定多数のマス（大衆）である中間層を対象にしたボリュームゾーンの婦人服や紳士服の売り上げは、コロナ禍以前から限界を迎え消費は減り続けていました。それとは逆に、客数としては少ないですが、一般客に比べて客単価がはるかに高い富裕層の消費は伸び続けています。

J.フロントリテイリングは21年の決算説明会で大丸松坂屋百貨店の基幹9店舗で、顧客別売上高の外商シェアを20年2月期の23・7％から24年2月期には30・0％に高めることに。また、商品別売上高の割合もラグジュアリーブランドや、美術、宝飾を底上げする計画になっています。その一方では、婦人服や紳士・子供服は引き下げるという、富裕層顧客、特に外商顧客と密接につながることで高収益に結びつけようという姿勢を鮮明にしています。

同様の考えを、21年4月に就任した**三越伊勢丹ホールディングス**の細谷敏幸社長も、事業戦略の目玉として外商の強化を打ち出しています。「徹底的に〝科学〟してマスから個への転換を進める。**外商**＊顧客へより多くのお金と人を投入していく」と表現。誰からも愛されるはずだった百貨店が、消費の見通しが利かない一般大衆から、ついに離れることを宣言しました。この富裕層に特化する経営姿勢は、売上の厳しい各百貨店の必然の流れといえるでしょう。

用語解説

＊**外商**　外売（そとうり）とも言われ、企業や個人顧客の元に出向いて、物やサービスなどの商品を販売することです。百貨店などには伝統的に外商部という専門部門があり、主に高額商品を購入する法人顧客や個人顧客向けにサービスを提供しています。

●ニューリッチと呼ばれる新富裕層

さらに各社はＩＴ起業家を中心に「**ニューリッチ**」と呼ばれる30～50代の新しい富裕層の囲い込みに力を入れています。この層が求めるコンテンツは今まで外商が力を入れていた、呉服・宝飾・美術ではなく、宝飾・美術・時計と言われています。若い富裕層ほど近代絵画から現代アートまで関心が高く、また、資産価値になるような高級時計への興味も深く、各百貨店では若い男性富裕層を呼び込む入り口として、増床までして対応している状況です。

●取り残される地方店の富裕層対応

都心部以上に売上が厳しく、閉店というリスクも高い地方店こそ、デジタル対応・リモート接客が望ましいといえます。店舗を大幅に縮小し、毎日の普段使いの買い物は今まで通り地元で。ラグジュアリーブランドや**特選品***は、リモートで地方店担当者が間に入り、本店の外商やバイヤー、スタイリストが担当すれば充分に満足できる接客対応が可能になります。

百貨店業界の未来像が見えてこない

百貨店の雄
「ISETAN」の戦略が
注目される

▲伊勢丹新宿店本館

用語解説

＊**特選品**　商品の中ですぐれたものを特別に選び出し、特選サロン等で販売される高額なアイテム商品のことです。

2 SCとGMSの今の課題と未来は？

百貨店の出店が地域の商店街を脅かしたように、郊外の広大な土地を活かした家族の何でも揃う大型SCの出現が百貨店の存在を脅かしました。さらに、そのSCも存在が問われる時代になってきました。

●百貨店以上の品揃えがSCだった

SC＊とは、ショッピングセンターの略で、具体的には、GMSを核に**シネコン**＊、アパレル専門店、フードコート、娯楽施設等を総合的に取り込んだ大型商業施設のことです。駐車場を備えるという大きな特徴があり、コミュニティー施設として都市機能の一躍を担うものです。

GMS＊とは、ジェネラルマーチャンダイズストアの略で、日本語では総合スーパーと訳します。日常で必要とされる、衣食住すべての商品を総合的に幅広く取り扱う大規模小売店舗のことです。GMSでは、高品質で低価格の商品を提供するために、より良い条件で大量に商品を仕入れる必要があります。そのためには、本部で集中的に仕入れ（セントラルマーチャンダイジング）をし、販売面は店舗に任せる手法で、本部と店舗の役割を明確に分担することが重要でした。このように企業内の運営方法を標準化することで、運営コストを最小限に抑え、データを元にした経営戦略を立てることを可能にしていました。

店頭商品に関しては、特に**プライベートブランド**の開発に注力してきました。競合他社と差別化することによって、優位に立つためで、価格を抑えるだけでなく、品質を重視した商品の開発・販売をしてきました。毎日の購入頻度が高い食料品で集客し、原価率の低い衣料品などで収益性を高めるという構造で経営をしてきました。

用語解説

＊SC＝Shopping Center　ショッピングモールは、基本的にＳＣの一業態で、mallが通路を意味しており、長い通路を挟んで店舗が並んでいる細長い建築構造のＳＣといえます（イオンショッピングセンターとイオンモールがあります）

●競合する他業態の出現の脅威

しまむらやユニクロ、ワークマンなど高品質で低価格の商品を提供するというカテゴリーキラーともいえる専門店が台頭し、これまでのGMSにおけるビジネスの図式が崩れ始め、2000年代半ばから衰退傾向になります。さらに、インターネットの普及で、ZOZOTOWNなどの衣料品ネット通販が台頭し、GMSの衣料品販売に打撃を与えてきました。内部的な要因が含まれていても、2023年3月に、セブン＆アイHDがイトーヨーカ堂の店舗絞り込みとアパレル事業撤退に関して発表したことが、まさしくGMSにおけるアパレル事業の難しさを表わしています。また、単身者や小家族用の、少量で簡単な買い物であればコンビニやドラッグストアで十分に足りるなど、GMSの存材価値が失われる状況が重なってきています。このように近年は、競合他社ではなく、すべての他業態が競合という時代になり、郊外の広大な土地に大駐車場完備で集客を誇ってきていたSC・GMSも、その経営手法に転換が求められています。

日本国内の主要なSCとGMS

主なSC	運営母体
イオンモール	イオングループ
アリオ	セブン＆アイグループ
ららぽーと	三井不動産
アピタテラス	ユニー
モザイクモール	阪急阪神グループ
主なGMS	**運営母体**
イトーヨーカドー	セブン＆アイグループ
イオンスタイル/イオン	イオングループ
ダイエー	〃
西友	西友ホールディングス
オーケー	オーケー
ライフ	株式会社ライフ

▲横浜港北モザイクモールは成功例!?

用語解説
＊**シネコン**　＝シネマコンプレックス・映画館
＊**GMS**　＝General Merchandise Store

3 交通拠点にある最大の強みを活かす

駅ビルは、鉄道、地下鉄、バスターミナルという交通の拠点に隣接する商業施設であり、多くの人が利用する場所です。どのような時代になっても、必ず人が集まるという利点を活かしたいものです。

●あらゆる機能をリアル活用できる？

すべての人にとって、生活の拠点となる駅であるからこそ、あらゆる戦略への対応が可能になります。

①オムニチャネル戦略への対応

店舗とオンラインストア、SNSなど異なるチャネルを一体化させた**オムニチャネル**＊販売戦略。駅ビルには、多くのテナントが入居しており、様々な商品やサービスが提供されています。これらテナントが、オムニチャネル販売に取り組み、駅ビルが戦略を後押しすることで、ネットで商品検索、店舗で購入する利用者を取り込めます。また、店舗とオンラインストアの在庫管理を駅ビル内で一括管理することで、商品の品切れを防ぎ、駅ビル全体の価値を高めます。

②インバウンド需要への対応

駅ビルは、増え続ける外国からの観光客にとって、出発・終着点として頻繁な活用が考えられます。その接触機会の多さ＝商売チャンスに対してのあらゆるサービスが、まだまだ不足しています。例えば、タクシー・バス会社と連携して、外国語での案内、チケット販売、配車サービスなどを通じて観光客の利便性の向上が図れます。さらに、外国人向けのレストランやショップの運営、イベントの開催で、日本が世界に誇る食文化の体験や歴史ある文化・芸術に触れる機会を創出します。

③今だからこそ、日常性の回帰への対応

都心部、地方すべての駅が、毎日の通勤通学の利用者が往来する日常性が最も高い施設です。都心部

用語解説

＊**オムニチャネル**　異なる販売チャネルを統合し、顧客が商品を購入する方法を自由に選択できるようにする販売手法のことを指します。店舗販売、ECサイト、モバイルアプリなど、複数の販売チャネルを組み合わせ、シームレスな買い物体験を提供することを目指すことです。

の駅ビルでは、おしゃれでかっこいいショップの出店がありがちで、売上もそれなりの効果を期待できます。しかし、同様な現象を地方都市の駅ビルで模倣しても、乗降客と**テナント**にギャップが生じるだけで、商売として、期待した数字は成り立ちません。**顧客属性**＊がまとめきれない数十万人から数百万人の乗降客でごった返す都心部の駅ビルと、ある程度の顧客属性でくくれる乗降客数の地方都市でのテナント誘致には必然的に違いが生じます。

今後の、駅ビル運営にあたって。都心部のテナントは話題性や新しさで運営が成り立ちますが、地方都市においては、日常性をつかんだ店舗の出店と運営がキーポイントになります。それは、衣食住のどのカテゴリーにおいても同様です。トレンドを意識した商品群で新しい顧客層を産むのか、それとも、一時的な話題性で終えるのか、という賭けに出るのか。逆に、**デイリーユース**的な商品群で、目立たないけれども、長く安定的な顧客関係を築くのか。都心部よりも、地方都市の駅ビル運営に運営会社の手腕が問われます。

エキチカやエキナカの現状分析

コロナ禍不況からの
脱却が喫緊の課題の
駅ビル商圏

▲新宿駅にあるルミネ

用語解説

＊**顧客属性**　顧客が持っている情報をアンケートや会員登録などを通じて収集し、年齢や性別、地域、職業などで分類したもので、性別や生年月日、出身地といった変わらない静的なものと、職業や居住地、趣味嗜好など心理的な要因を含む動的なものに大きく分けられます。

4 SPAリードの時代はまだ続くのか？

SPA登場前まではプロダクトアウト型でメーカー主導のモノ作りが主流でした。登場後は、マーケットイン型で生活者志向のモノ作りへと変化。このことが店頭に大きな進化と変化をもたらしました。

●そもそもSPA業態のメリットは？

SPA*とは、流通の中間段階である卸売業者を省いた、アパレルメーカーとアパレル小売業の機能を合わせ持つ業態のことで、**GAP***、ZARA、H&M、良品計画、ユニクロなど多くの世界的企業が多いです。

生産工場とダイレクトに連携するため、中間マージンがなく、利益幅が大きくなります。消費者の思いに沿った価格設定で販売できます。また、生活者の嗜好変化を迅速にモノ作りに反映させることもでき、**プロダクトアウト**の手法に比べると、生産過多や、返品などが少なく、**在庫コントロール**がしやすい業態です。

そのSPAには、ワールドのようなメーカー発で、モノ作りの強みを活かした企業と、ユニクロのような専門店発で小売業の強みを活かした企業の2種類に分類されます。ユニクロやワークマンのように、近年の業績好調企業の多くは、専門店発のSPAです。

●SPAにアナはあるのか？

SPAの特徴である**マーケットイン発想**により、SPA型企業の多くが市場の望むモノ作りになり、商品の同質化を産んでしまう傾向があります。さらに、その同質化から一歩抜きんでるために、価格競争が起きてしまいます。価格競争からは、品質低下や工場へのコストダウン交渉という展開が危惧されます。ブランド個々のターゲット設定をより明確にして、オリジナリティを重要視したモノ作りが必要になります。

用語解説

＊**SPA** （Specialty store retailer of Private label Apparel）の略で「製造小売業」という意味で「プライベートブランドのアパレル商品のみを販売する専門店」という訳になります。

SPA が進むべき経営志向と市場経済

▲ユニクログローバル旗艦店

▲ ZARA　株式会社 ITX ジャパン

用語解説

＊**GAP**　80年代後半に、米のGAPがSPAの定義を定めています。「創造性とデザイン性に富む商品を開発し、それらを自らのリスクで生産し、価格設定権を持ち、店頭ではコーディネートされた演出と、知識ある販売員の第一級のサービスで提供する」専門店のこと

5 セレクトショップとECの融合

こだわりの商品が凝縮されたセレクトショップには、こだわりのスタッフがいて、こだわりの接客があります。さらにそこから、こだわりのECが展開されています。こだわりの根底にあるのは人のようです。

●こだわりと個性のセレクトショップ

自社ブランドの商品だけを販売するブランド直営ショップに対して、**セレクトショップ**とは、ショップオーナーやバイヤーが持つこだわり＝コンセプトをもとに国内外を問わず複数のブランドの商品を仕入れ、販売する業種のことです。

セレクトショップの運営規模は、大手企業から個人経営までと様々で、大手の場合は幅広い年齢層に向けた商品・ジャンル展開で、個人経営の場合は、国内ではあまり浸透していない海外ブランド商品などコアな客層に向けた商品展開をしています。また、多くの大手企業がこだわり追及の結果として、自らブランドを起こし、企画・生産した商品を店頭展開しています。

●なぜセレクトショップなのか？

①他社ブランドとのコラボ・別注＊の特別感

いわゆる小物やシーズンアイテムなど、コラボ商品が毎シーズン並びます。コラボ先のブランドにも展開されていないという特別感が、ブランド愛好者の満足感を満たしてくれます。

②トレンドに精通したショップスタッフの存在

セレクトショップのプロとして、ワンランク上のコーディネート提案と、スタッフ自身もファッションを楽しむ一人として、顧客との関係性を深めます。

③複数ブランドである事の安心感

大手企業は、トレンドというキーワードをコンセプトの基本にして複数ブランドの商品を仕入れている

用語解説

＊**別注**　企業が製品を注文する際に、通常の製品とは異なる仕様やデザインで製造することを指します。具体的には、カラーや素材の変更、ロゴの追加、サイズの変更などです。

ため、いつでも外れがないという安心感があります。

●セレクトだから発信できるＥＣ提案

ショップ愛が強いスタッフが揃っているからこそ、運営できるＥＣがあります。顧客が欲しいと思った商品に対して、着こなしやサイズの相談に実際にスタッフが返答してくれるチャット機能で専属のスタイリスト感を演出するブランド。誰かの後押しが欲しい、お洒落に自信がない人に向けて、商品の検索カテゴリーの中に、スタッフが特に推すアイテムをまとめた、〝**スタッフレコメンド**〟対応があるブランド。逆に旬や流行に目がない人におすすめの、旬にフォーカスしたアイテムだけを揃えたＥＣ提案をしているブランド。さらに、いざ着るとなると正解のスタイリングがわからないという人向け、複数のスタッフ達による同じアイテムのいろんな着こなしをチェックできるＥＣ等々。おしゃれ好き、ブランド好き、人が好きというセレクトショップのスタッフだからできるＥＣ展開が、店舗運用とうまく融合しているようです。

全国展開している主なセレクトショップ系列

ショップ・ブランド名	Web ページ
ユナイテッドアローズ	https://store.united-arrows.co.jp/
BEAUTY&YOUTH	https://store.united-arrows.co.jp/brand/by/
グリーンレーベルリラクシング	https://store.united-arrows.co.jp/brand/glr/
ビームス	https://www.beams.co.jp/
シップス	https://www.shipsltd.co.jp/default.aspx
ナノユニバース	http://www.nanouniverse.jp/
アーバンリサーチ	https://www.urban-research.co.jp/
アダムエロペ	https://www.adametrope.com/
エディフィス	https://edifice.baycrews.co.jp/
トゥモローランド	https://www.tomorrowland.co.jp/

◀セレクトショップは陳列にもセンスを感じる

6 カテゴリーキラーにスキはないのか？

品揃えの豊富さと、価格の安さを背景に、あらゆる業態で他を圧倒してきたのがカテゴリーキラーという存在です。そのキラーにもカテゴリーを超えた新たな巨大なキラーが迫ってきている時代が今です。

●カテゴリーキラーというガリバーの出現

カテゴリーキラーとは、ある特定の商品分野（カテゴリー）、家電、玩具、家具、衣料品などにおいて、圧倒的な品揃えと低価格を武器に多店舗展開をする大型専門店のことです。

その出店によって、商圏内の競合するカテゴリーの売上高は極端に落ち込みます。大幅な値下げ対応ができない小規模小売店などは、経営的に成り立たたず、撤退を余儀なくされます。また、さまざまな分野の商品を扱う百貨店でさえも、部門廃止や縮小に追い込まれます。Category Killer＝商品分野の殺し屋と命名された由来です。代表的な例では、玩具・子供用品のトイザらス、家電量販店のヤマダ電機、紳士服の青山商事、総合衣料品のユニクロファーストリテイリングがあげられます。

●カテゴリーキラーのメリット

その専門分野において、競合他店が真似できない品揃えと低価格を実現できます。なぜなら、多店舗展開を基本にして大量仕入れを継続し、仕入れコストを抑えられるからです。また、大量仕入れの中で売上不振商品があっても、多店舗間で在庫を移動し合うことで、**不良在庫**＊の発生リスクを最小限に抑えることができます。生活者にとってのメリットは、他店と比較しなくても低価格で購入できるという安心感です。

用語解説

＊**不良在庫**　企業が製造した商品で、売れ残って在庫として残ってしまった商品のことです。具体的には、季節外れの商品やデザインが古くなった商品、品質不良品などが不良在庫となります。不良在庫は、企業にとって大きな問題となります。

●カテゴリーキラーのデメリット

カテゴリーキラー同士の競合が厳しく、家電などは同一商品であるために、単純な価格競争で利幅がますます薄くなるリスクが出ています。過当競争回避には、品揃えや価格だけでなく、接客などのサービス面で付加価値を付ける必要に迫られています。

●ECというカテゴリーキラーの台頭

多くのファッションブランドが出品しているZOZOTOWNはもちろん、すべての商品分野で圧倒的な品揃えのAmazonがカテゴリーキラーになっています。実際の店頭で商品と値段を見て、ネットショップで購入するというショールーミングの浸透が追い風になり、カテゴリーキラーの競合になっています。カテゴリーキラーも自社ECで対抗していますが、まだまだ、知名度やアクセス件数ではかないません。今後はカテゴリーキラーもEC戦略とともに、顧客がリアル店舗を訪れることに付加価値を感じる戦略が求められます。

カテゴリーキラーの代表的存在の2社

▲LABI ヤマダ電器

カテゴリーキラー
という存在は、消費者に
メリットがあるのか？!

▲青山商事

7 アウトレットはブランド救世主か?

アパレル事業に限らず、すべての産業において余剰在庫やB級品と呼ばれる商品の消化に関しては経営上の大きな課題となっていました。その課題解決策として登場したのがアウトレットストアという業態です。

●最終処理+αをアウトレットに期待

アウトレットストアは、もともとはブランドのキャリー品(旧品)や、B級品(訳アリ品)など、プロパー販売(正価販売)ができない商品を、都市部で正規品を販売する通常店舗と競合しない地域で、値引きして販売するために設けられた業態です。そのアウトレットストアは、ラグジュアリーブランド入門の機会になり、極端にトレンドを気にしない多くの人にとっても、手ごろな価格でブランド品を購入できるという場所として定着してきました。出店する企業にも、その集客力を見越して、大量生産後の余剰在庫の処分をはじめ、**アウトレットストア展開用の専門商品**＊を作って、安定した売上確保に努める所も出てきました。

●今までのアウトレットの立地条件

アウトレットストアが集積したSCをアウトレットモールと呼び、日本の2大アウトレットモールとして「三井アウトレットパーク」(三井不動産)と、「プレミアム・アウトレット」(三菱地所・サイモン)があります。各モールの出店ロケーションは、大都市圏から一定距離がある通常店舗の分布が少ない郊外や地方です。広大な敷地は、多くのブランド誘致はもちろんですが、土地代の安さから安値販売を成立させ、広域から一定の集客を得るために車や観光バスでの来客を想定した立地ということです。

用語解説

＊**アウトレット展開用の専門商品**　メーカーが正規のルートで流通させる製品とは異なり、アウトレット店舗でのみ販売される製品のことを指します。アウトレット専用製品は、製品の品質に問題があるわけではなく不良品とは異なり、正規のルートで販売される製品とは異なるため、消費者の中には、品質に疑問を感じる人がいます。

●アウトレットがこの先直面する問題

アウトレットモールが登場した当初は、その集客力から、地方の観光振興や雇用創出に貢献して地方創生の一翼を担う業態として期待されました。

ところが、現在はSDGs関連項目として、大量廃棄問題につながる大量生産問題、3R推進政策などから、正規品を販売する通常店舗への商品だけの供給が大きな流れになり、各アウトレットへの納品が品薄になっているところが出始めています。

さらに、期待された地方の雇用創出に対しては、今では、逆に深刻な人手不足に陥っています。特に若い人は、自動車免許を取得していても、車は所有していない人が多く、雇用されても通勤手段がないという根本的な問題も抱えています。

コロナが一段落し、世界中の多くの人が旅をする機会が戻ってきました。2019年には外国から日本へ3200万人近い訪問客があり、最新の数字も、特にファッションへの消費支出が期待できるアジアからの訪問客が増えています。

アウトレットは毎年進化してる

◀三井アウトレットパーク 多摩南大沢
（出典　プレスリリースより）

御殿場プレミアムアウトレット▶
（出典　プレスリリースより）

column

顧客って、消費者って、生活者って誰のこと？

「ＣＳ」というマーケティング用語があります。「Customer Satisfaction」の略称で、自社の商品やサービスに対して、顧客がどの程度の満足をしているかの尺度を表わす言葉です。日本語では「顧客満足度」と表現され、ＣＳが高いほど顧客は満足している状態だと考えられています。企業ではＣＳの結果をもとに商品やサービス開発が行われるため、マーケティングや商品開発のときに重要な指針になります。

この「カスタマー」＝「顧客」とはいったい誰のことでしょうか？一般的に顧客と言った場合は、「すでに購入経験のある人」「お得意様」という扱いです。商取引では「得意先」「取引先」という表現になり、理解しやすいと思います。

では、よく使われる「消費者」という人はどのような人でしょうか？

「消費者」とは、よく知られているように、「商品やサービスの購入者・購入決定者」または「企業が供給する商品やサービスの、最終的な使用者」を指します。

「生活者」と言う表現が生まれた背景は、消費者の物欲が満たされると、次の消費欲求の中心が、購入した商品を「生活の中でどのように活用するのか」という発想に変わり、個々人が消費者というよりは生活者として、自らの考え方や意識、価値観を、消費を通じて示していこうという捉え方からのようです。

そこから、消費以外の活動も含む「生活全般」の充実に観点をおいて人間を捉えた表現として「生活者」が表れました。

このような意味合いから捉えると、私たちはだれもが生活者であり、今のマーケティング活動の対象者ということになります。

第9章

接触機会の多様化と売上げの関係

ファッションとECは以前から相性のいい関係だといわれてきました。ECサイトの運営も早かったし、根強い人気のテレビ通販番組とECのコラボ、SNSとファッションブランドの相思相愛関係、顧客分析に役立つアプリの存在などです。

1 ECサイト運営上のメリット・デメリット

2020年から続くコロナ禍では、あらゆる業界がECへの出店で活路を見出そうと取り組みました。ファッション業界でも同様で、試着有りきだった購入が、無しでも抵抗ない体制に変わりつつあります。

●EC活用のメリット

①販売エリアが無制限

リアル店舗ならば、路面店の**ロードサイド**か街中か、また、百貨店やGMS等の**ディベロッパー**への出店になりますが、どの業態にも集客には一定の限度があります。ECであれば、ネット環境さえ整えば、世界中のどこからでもショッピングが楽しめます。

②販売時間も無制限

販売時間にも制限はありません。リアル店舗には営業時間が存在し、販売できる時間に制限がありますが、ECは365日、24時間開店している状態ですから、常に販売可能ということになります。

③限られたスタッフで世界中の人へ対応

リアル店舗では、店舗面積や営業時間の長さに応じた販売スタッフの人員数の確保が必要ですが、ECであればアクセス過多による**サーバーダウン***の事故等を除けば、サイトは常に運営されていますから、販売に対応するスタッフの出勤や配属は不要になります

④顧客データの収集がしやすい

商品注文用画面には氏名、性別、年齢、住所（届け先）、職業欄などの設定が可能です。リアル店舗に比べると、取得できるデータ量も幅も大きくなります。さらに、購入者がどのページにどの程度閲覧していたのかも解析可能ですから、それらデータを利用して、販促活動に有効活用することができます。

用語解説

***サーバーダウン**　過負荷や機器の故障等により、サーバーの機能が停止してしまった状態のこと。サーバーシステムは企業の業務の中枢というべきものなので、サーバーダウンが起こると、企業のほぼすべての業務が停止します。

●ECが抱えるデメリット

①常に価格競争状態にある

画面を開けば、無数に広がる同様商品を細かいディテールから価格に至るまで瞬時に比較検討、選別ができます。画面上の仕様変更も容易ですから、リアル店舗以上に競合他社の動向に目を向けて差別化を徹底する必要があります。

②ECサイトの認知度アップが厳しい

大型**プラットフォーム***上での運営であれば、運営会社の認知度やサービス環境を頼っての集客をある程度期待できます。自社サイトの場合は、著名な大手企業・ブランドでない限りは、自社による集客、宣伝等で認知度アップをするための大きな労力が必要になります。

③直接コミュニケーションが取れない

消費者と直接対面のコミュニケーションができません。生きた声の情報が取れないために、販売時点での買上満足点や買上げなかった時の理由等がつかめません。改善点へ繋げるために他の手法が必要です。

ECサイトで買ってもらうための戦略

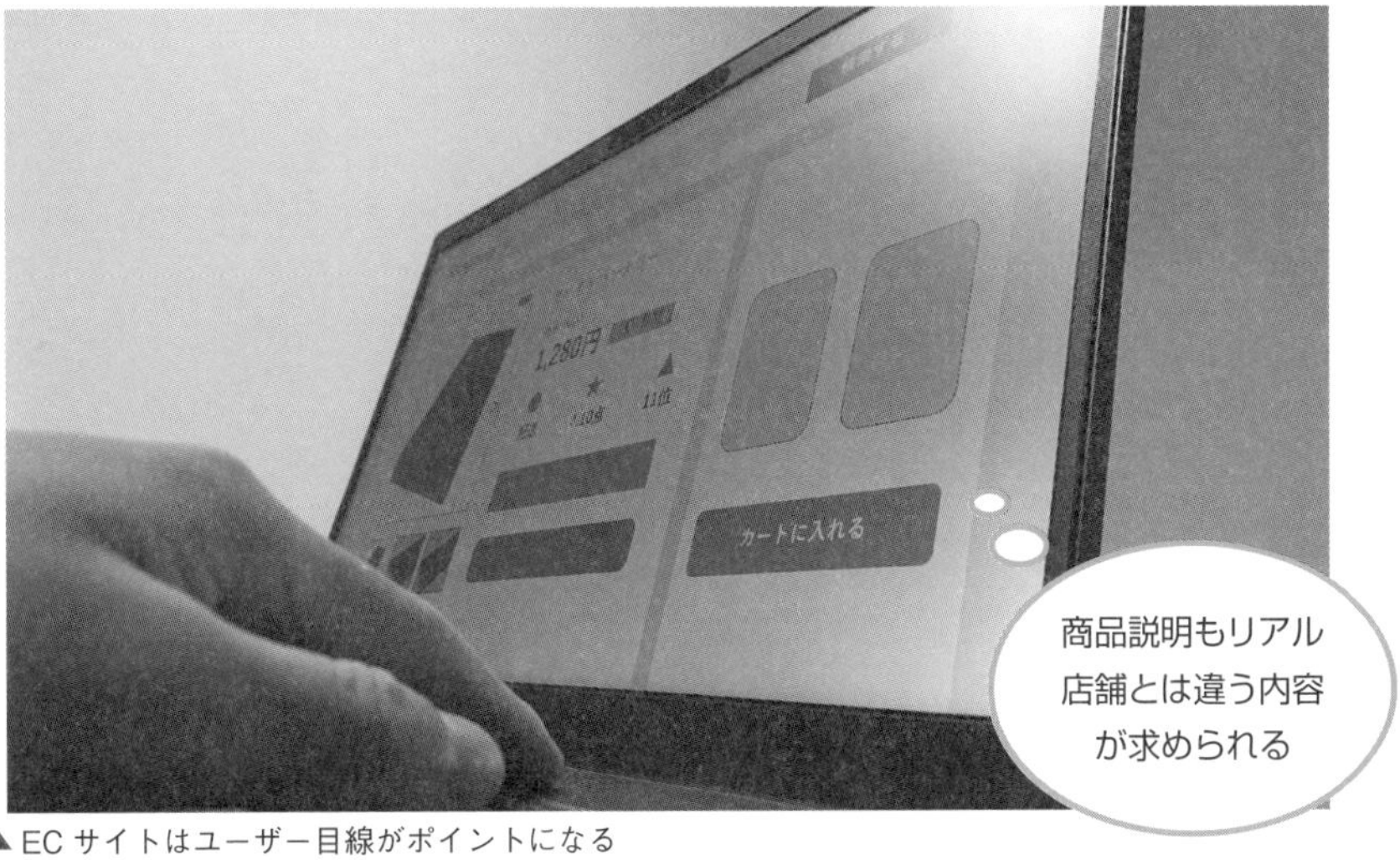
1,280円
11位
カートに入れる
商品説明もリアル
店舗とは違う内容
が求められる

▲ECサイトはユーザー目線がポイントになる

用語解説

***プラットフォーム**　演壇.舞台.あるいは駅やバスの乗降場を指す言葉で.サービスやシステム、ソフトウェアを提供・カスタマイズ・運営するために必要な「共通の土台（基盤）となる標準環境」を指します。

2 テレビの力はどこまで及ぶのか？

ネット通販が、今のように盛んになる前から、テレビ通販が、親しまれてきていました。画面からの一方通行でありながらも、人が介在する親しみやすさから一定のファン層をつかんでいました。

●狙いは主婦層とシニア層か？

多くの**テレビ通販番組**は、24時間放映の専門チャンネルか、テレビ各局の午前中や深夜帯の主婦層や**シニア層***をターゲットにした番組内で放映されています。どの番組も、紹介する商品の特徴だけでなく、誰が紹介しているかで売り上げが左右されるという、マンパワーによる影響が大きな要素になっています。

①商品の特徴に信頼や安心感をプラス。紹介者の人柄やステイタスが、商品の品質を保証する裏付けになります。

②商品の使用感を目で確認。紹介者が実際に着用、使用するなどのライブ映像で、視聴者に楽しさや、サイズ感、使い勝手の良さをアピールできます。

③商品に対する疑問にその場で対応。オペレーターによる電話対応で、視聴者のちょっとした質問はその場で解決できます。

以上のように、テレビ通販には、商品の特徴だけではなく、宣伝効果として、深い魅力や使い勝手の良さ、品質、安心感までも伝える力を持っています。

●連携の拡大が大切

①百貨店やSCとの連携。各物販施設と連携して、試着をはじめとした実物の確認ができれば、生活者としての興味・関心が高まり、実売につながります。

②ネット通販との連携。テレビで紹介された商品をネットで確認できれば、視聴者はより便利に購入できます。

用語解説

***シニア層**　一般的には、60歳以上の高齢者を指す言葉です。ただし、年齢の区分は明確に定義されているわけではなく、場合によっては、50歳代からシニア層に含めることもあります。最近では、高齢化社会の進展に伴い、シニア層の消費活動も注目されており、シニア層向けの商品やサービスの開発・提供が増えています。

代表的なテレビ通販チャンネル

番組名	放送局など	放送時間帯
女神のマルシェ	日本テレビ	毎週金　午前10：25～10：55
日テレポシュレ	日本テレビ	毎週月～木　午前11:15頃
バケット通販	日本テレ	毎週月～木　午前11：13頃
買い運！おびマルシェ	TBS	毎週月～木　午前9:55～10：25
カイモノラボ	TBS	毎週月～土　深夜3:00頃
キニナル金曜日	TBS	毎週金　午前9：55～10：25
ブランチショッピング	TBS	毎週土　午前11:00前後
BS-TBSプレミアムカイモノラボ	BS TBS	毎週火～金　午前8：00～8：30
じゅん散歩ものコンシェルジュ	テレビ朝日	毎週月～金　午前9：55～10：25
ニッポンめしあがれ	テレビ朝日	不定期
ワカコさんとマサルくんのお宅は買わないの？	テレビ朝日	毎週月～木　深夜3：04分 ※金、土も放送あり
いいものプレミアム	フジテレビ	毎週月～金　午前11：00
魔女に言われたい夜　～正直過ぎる品定め～	フジテレビ	毎週月　深夜
虎ノ門市場　幸せごはん漫遊記	テレビ東京	毎週月～金　午前11：00～11：13
旅スルおつかれ様　～ハーフタイムツアーズ～	テレビ東京	毎週月～金　午前8：00～8：15
なないろ日和	テレビ東京	毎週月～木　午前9：28～11：13
ものスタ	テレビ東京	毎週月～日　４：５0頃～5：５0頃
ショップチャンネル	BS、スカパー、ケーブル他	２４時間
QVC	BS、スカパー、ケーブル他	２４時間
ジュエリー☆GSTV	BS、スカパー、ケーブル他	２４時間
ジャパネットチャンネルDX	BS、ケーブル他	２４時間
筆者調べ　※順不同		

3 折込チラシ広告には効果があるのか？

ネット全盛の時代でも、新聞自体を身近に生活してきた高齢者の多くは、今でも日常的に新聞を読んでいることが多いです。そのため折込チラシを見る機会も多く、その影響力は大きいと考えられています。

●新聞自体が生活の一部になる高齢者

スマホ1台あれば世界中のすべての情報に簡単につながる時代に、紙媒体といわれる**新聞折込チラシ**が有効な宣伝方法として活用されています。それは、食料品や家電、ファストフード、アパレルと多方面にわたります。特に、ファーストリテイリングの柳井会長は「チラシはお客様へのラブレター」と語っているほどその効果を認識されているようで、毎週金曜日のユニクロ新聞折込チラシと全く同じ紙面をNETチラシとして配信しているほどです。購買部数が減少したとはいえ、2022年で**一般朝刊紙***が2，440万部も発行されています。その効果として、購読者の8割弱の人がチラシのチェックをして、60代以上の男性のほぼ7割、女性の8割の人が見ています。その中でも家計のカギを握る主婦層が6割を占めています。曜日別では、金曜日には6割の人がチェックしていますから、老若男女すべての人がターゲットであるユニクロの折込チラシ戦略は正しい選択です。

●折込チラシのこのメリットが有効

スマホ画面と比較して、大きな文字や写真など、視覚情報として見やすく手元に残るため、何度も確認できますから、印象に残りやすいとされています。左記データの通りに広告接触率が高くなり、広告主と顧客との関係性を構築するのに非常に重要な役割を果たします。結果的に、問い合わせをしたり、自然と店舗に訪れたりする顧客獲得効果に大きくつながります。

用語解説

***一般朝刊紙**　読売新聞、朝日新聞、毎日新聞、日本経済新聞、産経新聞が全国5大紙といわれています。

新聞折込広告はどのくらい見られているか？

▼ 60 代以上の女性の約 8 割が新聞折込み広告を見ている

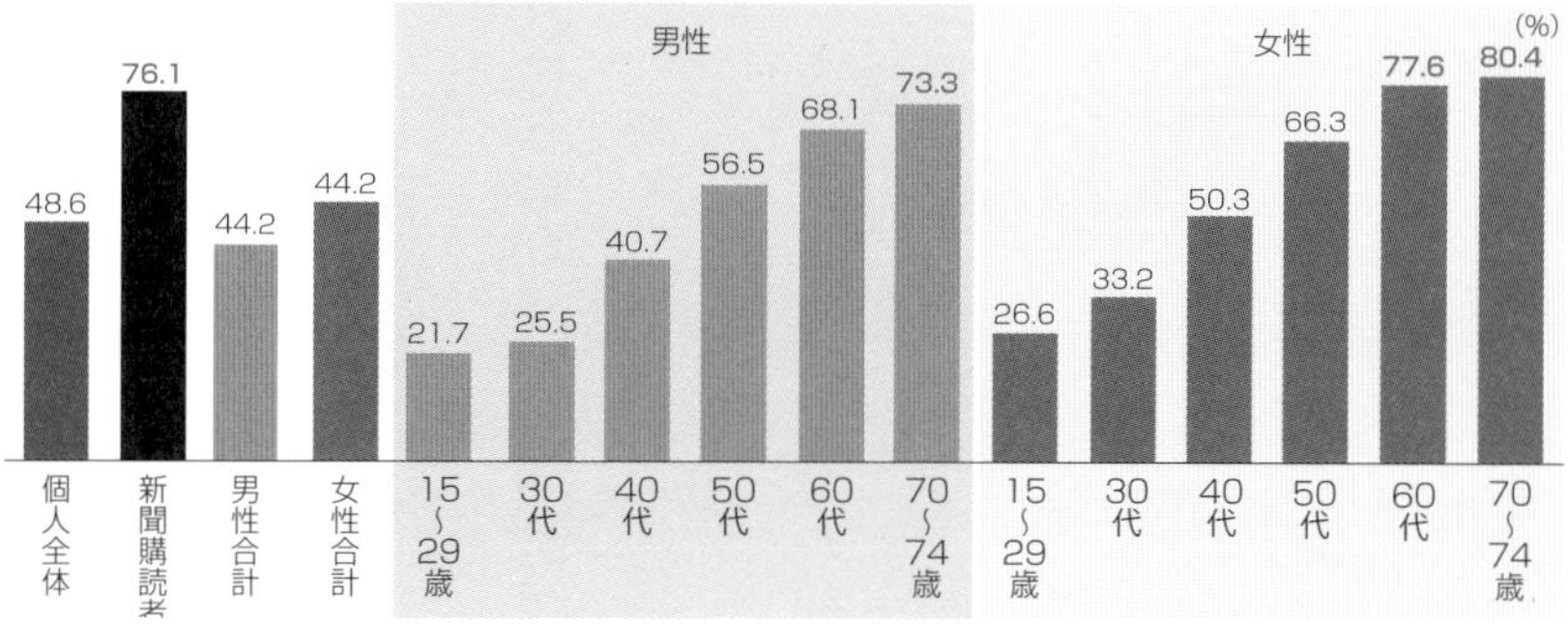

▼職業別では主婦が最も多い

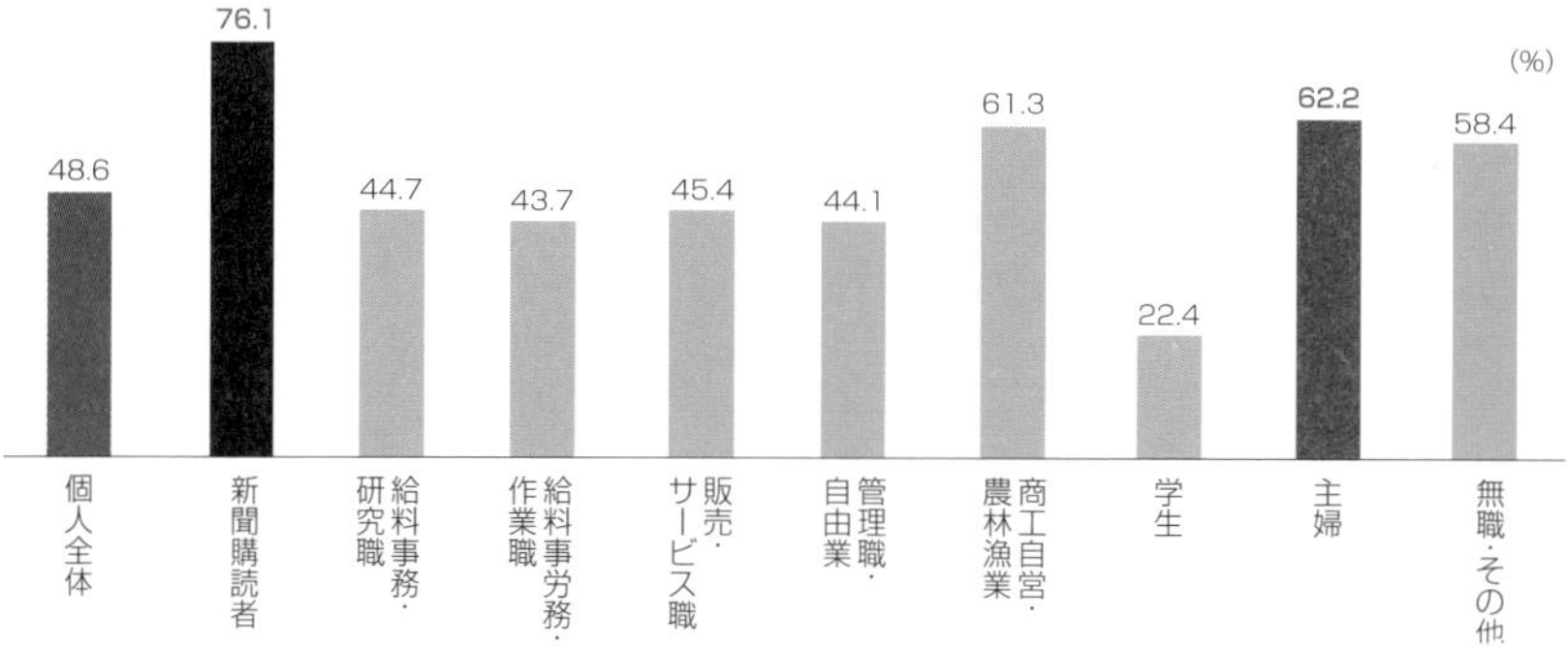

▼曜日別では週末にかけて見る割合が高くなる

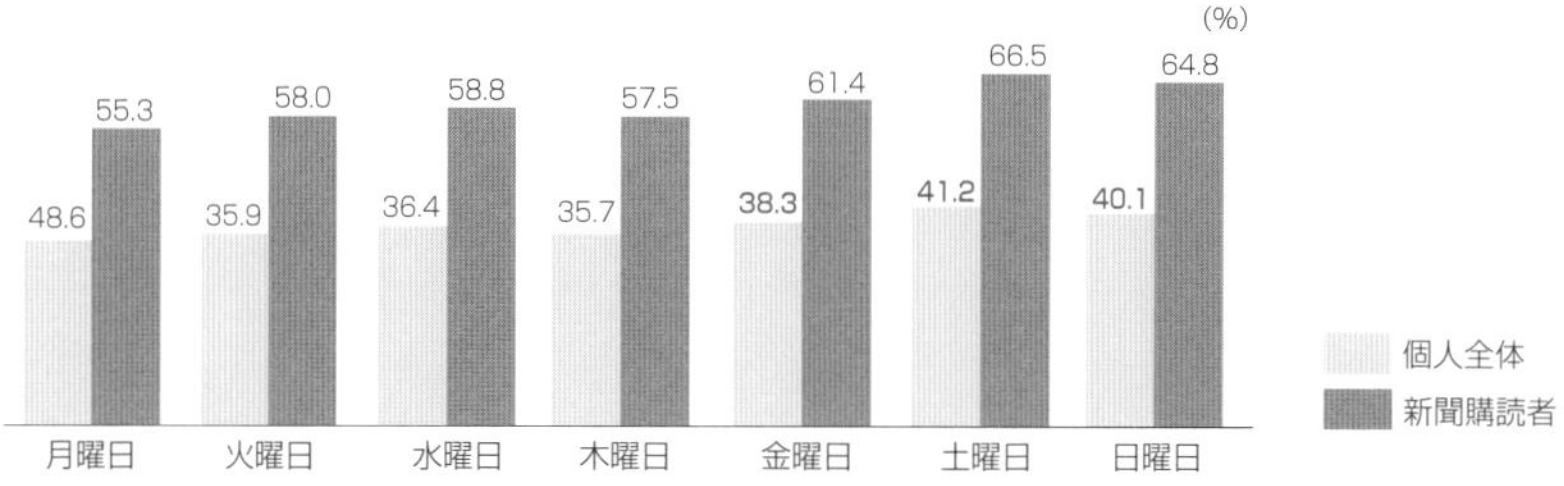

出典：読売 IS

4 SNSだからこそできる表現力に期待が

相互通信のツイッターやメタ、ビジュアルコンテンツ中心のインスタグラムやTikTok等、いつでも世界中とつながるSNSは、常にトレンド発信を続けたいファッション産業との相性は抜群です。

●タイムラグがない発信とは

ファッション産業においては、どの**SNS**をプラットフォームとして利用するにしても、企業としての発信、ショップスタッフからの発信、さらに著名インフルエンサーを通じての発信の3種になります。

すべてのSNSを世界中の多くの人々が利用しているわけですから、企業が新しい商品、**ファッショントレンド**を今すぐ発信・拡散、そして交流するのに最適な手段になります。例えば、発信した新商品に対して利用者から質問があれば、会話と画像でわかりやすく迅速に回答することで、顧客との信頼関係の構築ができます。また、SNS限定のキャンペーンなどで、利用者の囲い込みから、特別感の醸成もできます。

●情報発信・拡散以上の期待が

そもそも、コレクションやファッションショーでモデルを起用する一番の効果は、モデルが着用して動きを見せることで、商品そのものが生きて見えることです。昔から、店頭では棚上に「畳む」よりは、ハンガーに「吊るす」。吊るすよりはマネキンに「着せる」。さらに、マネキンよりスタッフが着用して「動く」ことの方が、お客様にとって、より魅力的に見えると言われています。その手法はSNS上でも変わりありません。大好きな**インフルエンサー**や、日頃懇意にしているスタッフが着ることで、商品が活き、映えます。SNSを通じた商品の紹介は拡散力と共に、商品を魅力的に表現する力が備わっているといえます。

用語解説

【インフルエンサーの役割】　発信には、企業からの依頼による発信と本人自身のプライベートな発信の2種があります。

SNSと顧客とり入れ店舗の相関図

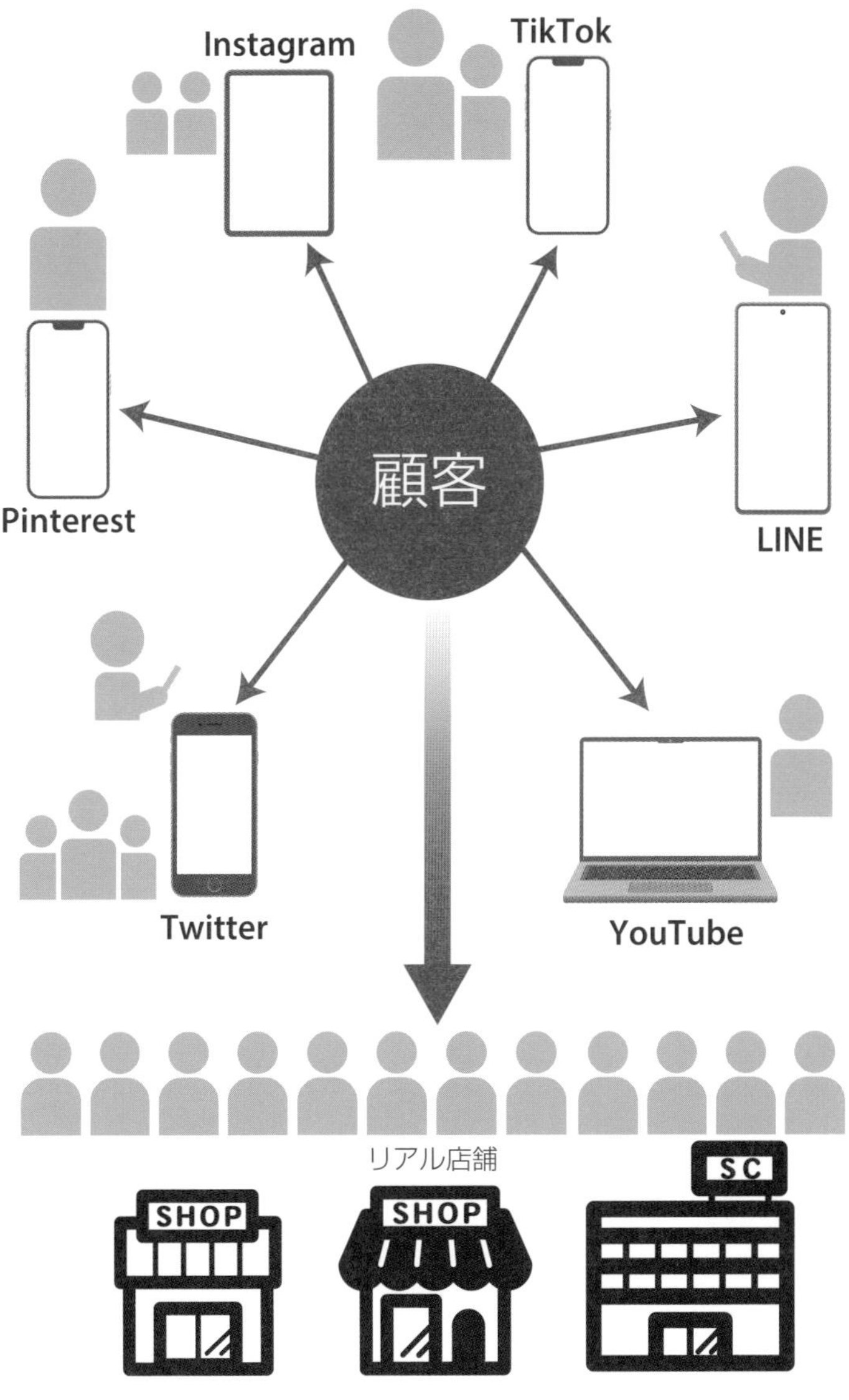

▲SNSとリアル店舗のリンクは絶対に欠かせないもの

5 企業アプリはどこまで進化するのか？

スマートフォンの位置情報を応用したアプリBEACON（ビーコン）を利用した、集客、接客、販売までのマーケティングに活用する企業が増えてきました。この先、ますます進化した活用が期待されます。

●企業アプリが切り拓く新たな接客

SNS全盛の時代の象徴として、いわゆる接客を伴う企業・ブランドはすべてと言ってよいほど、オリジナルの**アプリケーション**を開発・発行をしています。それは、アプリを通じてユーザーとのコミュニケーションを密にし、あらゆる情報のやり取りで関係性を深めることにあります。その中に、**位置情報**を活用したビーコンアプリの存在があります。企業からの電波を受信した端末に対して、発信元の近隣店舗の情報を届けることができます。ユーザーが近付くと混雑状況や商品情報、お得な情報、**クーポン**などをリアルタイムで配信ができます。さらに店舗入店後は、ポイントを付与して来店回数に応じたサービスの提供などもできます。また、発信する企業にとっては、店内やイベントスペース内に複数の通信端末をセットすることで、ユーザーの行動＝回遊性や買上履歴を把握することが可能になります。データの蓄積から、天候や周辺催事の有無によって効果的な導線や棚割り＝商品展開の場所や量の設定の変更が可能になります。その結果、余分な**什器**＊の手配・設置のムダがなくなり、人員配置、出勤日や休憩時間の割り振りも無理のないものになります。

●接客方法にも大きな変化が

デジタルデータを活用してアナログ接客にも変化が現れます。使い勝手としては、ユーザーが店頭に現れる前に、すでに登録してある顧客情報から、スタッフは

用語解説
＊**什器** 店舗の環境作りのために必要な器材のことです。ラック、ディスプレイ、本棚、ガラスケース、マネキン人形、トルソーなどがあります。

誰が来店するのかを事前に察知できます。店頭まで接近されたときに、まず「名前」による声掛けができます。次の接客会話の導入時には、前回の接客での会話の続きから話しかけることができます。さらに、過去の購入履歴をもとに店頭在庫の中から、お気に入りと思われる商品のお勧めができるようになります。スタッフから来店時に名前の声掛けがあり、過去の購入履歴へ会話がつながることにより、接客されるユーザーはお得意様顧客として扱われたように感じます。その後の店舗へのロイヤリティが高くなり、リピーターとして再来店につながることは間違いありません。

▲スマホに表示された
顧客誘導画面

来店客の動線分析の方法

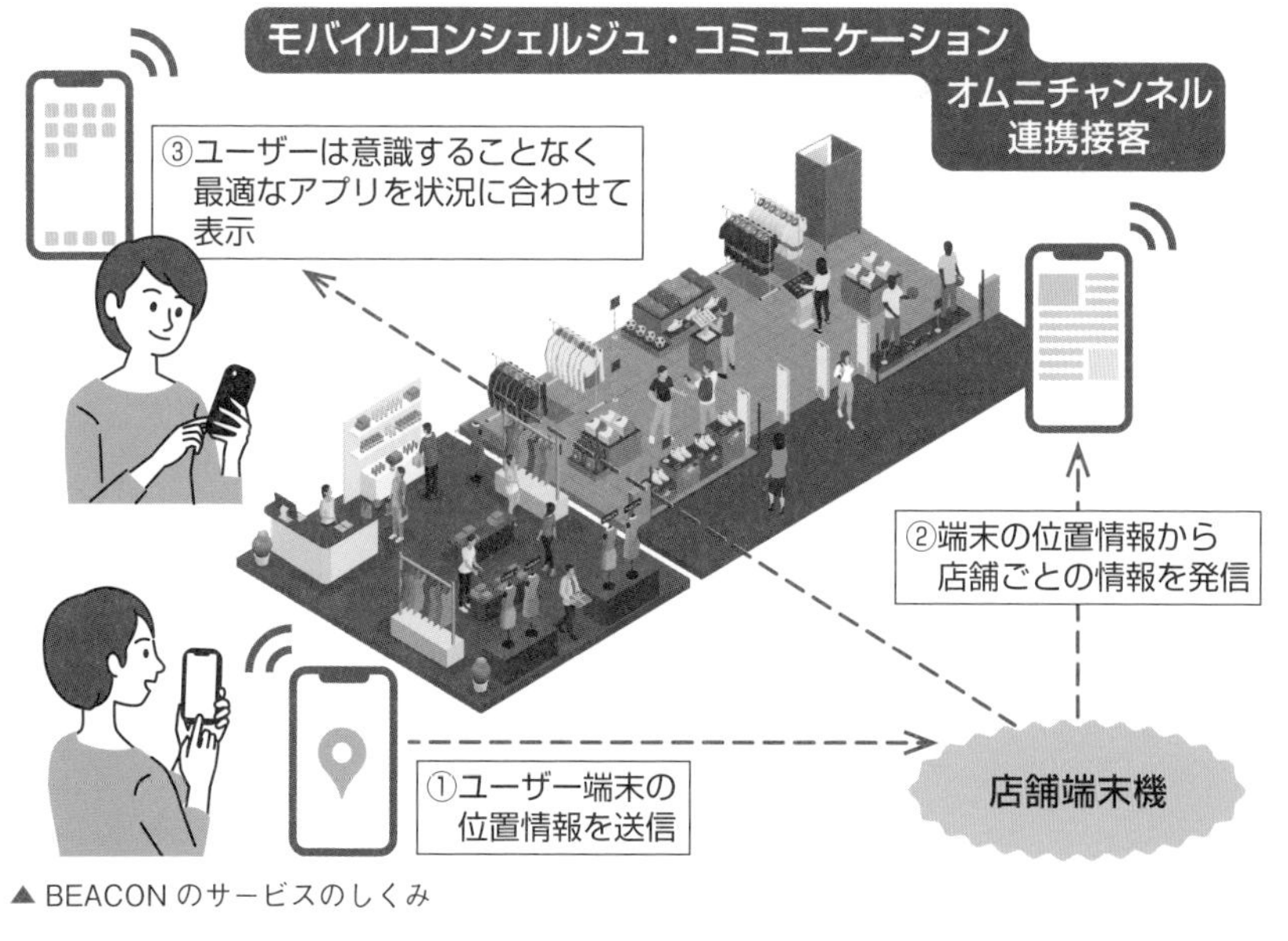

▲ BEACON のサービスのしくみ

column

世代の捉え方一つでマーケティングの方向性が変わります

有史以来、常にその世代間の隔たり、ギャップを表わすセリフとして語られ続けているものがあります。はるか数千年もの昔からです。それは「まったく、近頃の若い奴らは…」というセリフです。直接、古代の人から聴くことは不可能ですが、きっと、いつの時代も同じだったのだろうな！ということは容易に想像されます。

そんな世代間のギャップ解消に有効な手段が「世代論」で使用される年代表です。これは、２章6の表「各世代別の顧客分類一覧」とは別物です。この一覧は、現在の年齢でどの階層にいるかという判別表です。ベビー～ヤング～アダルト～シニアと該当する人の年齢経過と共に所属する名称と特性が変わっていくものです。

一方「世代論」でくくられる年代層は、生年でその名称があてはめられ、その人に一生ついて回るものです。例えば「ハナコ世代」でくくられた年代層の人は何歳になっても「ハナコ世代」のままで論じられます。年代層毎に大きく特徴づけられ、マーケティング活動の商品企画開発や人事案件等に利用されます。さらに、世代論の面白いところは、なんでこんなに違うんだろう？と感じてしまう世代間の理解や、逆に、自分自身のことを客観的に観るためのツールになることです。

各世代名称は以下の通りです。

ジェネレーション総称	生年	世代の俗称	マーケティング用名称
キネマ世代	1936～1945年	プレバブル世代	
団塊世代	1946～1951年	↓	
ＤＣ洗礼世代	1952～1958年	↓	
ハナコ世代	1959～1964年	↓	
ばなな世代	1965～1970年	↓	Ｘ世代
団塊ジュニア世代	1971～1976年	ポストバブル世代	↓
プリクラ上世代	1977～1981年	↓	↓
プリクラ下世代	1982～1986年	↓	ミレニアル世代
ハナコジュニア世代	1987～1991年	デジタルネイティブ世代	↓
ライン世代	1992～1996年	↓	↓
インスタ上世代	1997～2000年	↓	Ｚ世代
インスタ下世代	2000年～現在	↓	↓

出典：ifs 伊藤忠ファッションシステム「世代論」

あなた自身や知人の当てはまる世代を確認してみてください。その世代の特徴を検索して理解してみるとことは、人生において大変興味深いことです。

第10章

アパレル業界を支える主役たち

この章では、アパレル業界で働く人たちの業務を詳しく解説しています。業界を知る上で、有意義な情報です。業界の花形デザイナー、技術力が問われるパタンナー、全工程を見るマーチャンダイザー、商品調達のプロのバイヤーなどです。

1 コレクションデザイナーと企業デザイナー

デザイナーと言われる花形職業には、2つの種類があります。ブランド全体を統括しブランドイメージの中心となるデザイナーと、アパレルメーカーの中で「企画」と言われる服作り中心の企業デザイナーです。

●個性と独創性をブランドで表現する

パリ、ミラノ、ロンドン、ニューヨーク、東京で毎年2回開催される春夏物、秋冬物のコレクション。次シーズンの企画を発表することで需要創造を喚起する重要な位置付けを占めています。これらコレクションに参加して自身の個性と独創性を基にそのポリシーを打ち出して、ブランドそのものを背負っているのが**コレクションデザイナー**、**ブランドデザイナー**です。多くの人に知られているクリスチャン・ディオールというブランド。当初はブランド名=ディオール本人ですが、その後の歴代デザイナーはイヴ・サンローラン、マルク・ボアン、ジャンフランコ・フェレ、ジョン・ガリアーノ、ラフ・シモンズ、マリア・グラツィア・キウリ、エディ・スリマン、キム・ジョーンズとそうそうたるデザイナーが名を連ねます。

デザイナー自身の手によって、シーズンテーマ、**ディレクション**＊、デザイン、トワル・サンプルチェック、工場選定といった服作りに関するあらゆる業務をこなします。

その他に、営業、生産管理、MD、宣伝広報との連携など経営面にも関わります。

●企業デザイナーの実務

そういったブランドデザイナーとは別に、一般アパレル企業内で「企画」を受け持つ「企業内デザイナー」がいます。業界内の多くのデザイナーは、この「企業内デザイナー」になります。自身の好みに偏らず、

用語解説

＊**ディレクション**　アパレル業界においては、その企業（主に小売業、専門店、SPA）が目指すシーズンの方向性についての考えを、取引先メーカーや工場へまとめて発信する場です。チーム・チェーンで次期シーズンへの考え方を共有する場です。

企業イメージ、ブランドイメージに沿った服作りが求められます。シーズンごとのテーマに沿って色、柄、素材、ディテール等をデザイン画にまとめるのが主な仕事。通常はブランドごとに配属され、企業規模の大きいところではアイテムごとに担当者がいることもあります。**チーフデザイナー**が全体を統括管理しています。

ブランドデザイナー同様に、デザイン画だけでなく、縫製仕様書の作成、素材、副資材選定、パタンナーへの支持連携という創造的な側面の仕事。価格、型数、アイテムバランス調整など、ビジネスに直結した側面の仕事にも携わります。

ファッション産業の中でデザイナーは企画の中枢であり、その機能なしには商品は成り立ちません。

最近、増えつつある**クリエイティブ・ディレクター***やマーチャンダイザー、営業職との連携をとって共同で仕事を進めます。

デザイナーが担う役割は広範囲

いつかはデザイナーにという憧れの職業であることは確か

用語解説

＊**クリエイティブ・ディレクター**　ブランド・ビジネスの責任を担い、服のデザインをはじめとして、ブランドの広告やイメージ戦略などまでをクライアントに近い位置で顧客目線で問題点の根本を考えて、デザインの視座から解決方法を探り提案し、統括するポジションでです。

デザインの方向性を左右する翻訳者 2

デザイナーの描いたデザイン画を元に、服として3D化していく作業の中心がパタンナーです。この職業には縫製技術だけでなく、立体化するためのイメージ能力、そしてコミュニケーション力が必要です。

パタンナーは和製英語であり、正式にはパターンメーカーといいます。デザイナーが描いた平面的なデザイン画を立体化し、商品化するための実際の寸法出し、縫製やニットの編み立て用のパターン＝型紙を作成する（パターンメイキング）専門職です。

ブランドの企画部、企業によっては生産管理部に所属します。どちらであっても、その役割は、デザイナーの発信する感性や意図を読み取り、平面から立体へ起こすために、複数のパーツを組み合わせて型紙に落とし込む翻訳者ともいえます。

パターンは平面からの平面裁断だけではなく、ボディに布を巻きつけてハサミで裁断して型紙を作成する**立体裁断**＝**ドレーピング**の手法もあります。その時どきのデザインに合わせて、適した方法でパターンメイキングをします。どれほど著名なデザイナーでも、有能なパタンナーの存在がなければ、その感性は世に出ることはありません。一見、目立たない仕事ではありますが、時にはデザイナー以上に重要で希少な専門職になります。

●パターメイキング後には仕上り確認

①トワル*チェック

平面のデザイン画からファーストパターンと呼ばれる型紙を作成します。そこから裁断したパターンを仮縫いしてトルソー（人型のモデル）に着用させ出来上がりイメージの確認をします。ここで仕上がったサンプル用パターンで縫製仕様書や裏地などの副資材選定、用尺（必要な生地量）の算出から

用語解説

＊**トワル（toile）** 麻や綿の厚地の平織物で、日本では主に仮縫い用のサンプル（試作品）やその時に使用する布の意味です。

サンプルの縫製支持を出します。

②**サンプルチェック**

指示通りにサンプルが仕上がっているかチェックをします。その後に展示会や発注会でサンプルが使用され、商品化への受注がされます。

③**量産へ向けての準備**

受注が決まると量産用パターン（工業パターン）の作成に入ります。どれほど優れたパターンであっても、縫製する工場での可縫製（キチンと縫製できるような仕様）を備えていなければ、量産することができないからです。工業パターンは標準サイズ用に作成されているため、展開するサイズ分のパターンが必要になります。それらを作成することを**グレーディング**＊と表現します。近年では、**CAD**でのグレーディングがほとんどですが、本来の手仕事による平面、立体ともにできた上で、CADが扱えるのが理想的姿といえます。

パタンナーには秀でた技術力が必要

デザイナーとの
コミュニケーションを
図ることも大切

用語解説

＊**グレーディング**　パタンナーの起こした標準寸法の型紙（パターン）をもとに、必要に応じたサイズ別の型紙を作ることです。どのサイズでもイメージを崩さないように、各サイズにあったシルエット、デザインとすることが重要です。

3 マーチャンダイザーに求められる責務

目まぐるしく変わるファッション産業において、その変化に柔軟に対応し、商品開発、計画、生産に携わります。店頭での商品動向を見ながら、売れ筋・売り筋を導き出し、最後まで利益追求にこだわります。

●開発から販売まで請け負う責任者

マーチャンダイザーはMDと略され、ファッション業界特有の仕事になります。ディレクターやデザイナーたちとブランドコンセプトの作成から始まります。**市場調査***などから得た情報を基に、シーズンごとの商品開発、商品化計画をたて、販売目標を決定。生産指示、販促宣伝活動、納期管理、店頭販売まで関わります。店頭での商品動向を注視しながら、追加生産や減産指示を出し、利益確定に至るまでの責任者になります。

●顧客開拓、維持のためにある「五適」

①適品（適切な商品を生産・販売する）

MDとして適切な商品を企画・生産・販売することが最重要になります。お客様がそのブランドに対して求めている商品が適切な商品ということになります。一見客からお得意様へ醸成できるか。それとも顧客離れしてしまうか。ブランドが発信するコンセプトや、クオリティに対するこだわりが、対象とするお客様に魅力的だと感じてもらえる品揃えでなければ、企業の存続は危ぶまれます。

②適価（トータルバランスの取れた価格設定）

MDの業務として、適切な価格設定も重要な業務になります。どれだけクオリティの高い商品であっても誰も買えないような高額設定では売れ残りが発生してしまいます。逆に、利益を度外視したような価格設定では**ブランドイメージ**を下げてしまう恐れがあります。クオリティとコスト、ブランドイメー

用語解説

＊**市場調査**　製品開発やサービスの販売促進などを行うにあたり、適切な戦略を立てるために参考となる情報を収集することです。アンケートや会場調査などにより数値から認知度や満足度を計る定量調査と、インタビューや行動観察調査などの心理面や潜在意識から原因や理由を探る定性調査があります。

ジのバランスを考慮した価格設定が大切です。

③適量（需要に見合う商品量を手配する）

適した商品が適した価格であっても、必要以上に生産され、大量生産、大量在庫、結果として、大量廃棄となってしまっては、何のための生産かわかりません。大きな損失と環境破壊を招くだけの迷惑行為です。MDの役割は、商品ごとの販売予測の精度を上げ、適切な数量の生産、販売から利益の最大化を図ることです。

④適時（ベストなタイミングで売る）

MDは店頭に対して、いつ納品し、どのタイミングで販売するかの判断もします。季節、**歳時記***、世情など様々な条件を考慮して、最適な展開時期を決定します。

⑤適所（適切な場所で販売する）

地域性や路面店、百貨店、ショッピングセンターなどの立地条件。売り場内レイアウトや売上高など店舗特性。その様々な条件によって、売れるアイテムは異なります。最適な場所指定が最短の利益確保につながります。

マーチャンダイザーはブランディングのプロ

MD はメーカーの
営業収支にも大きく
影響する仕事だ

用語解説

＊**歳時記**　季節ごとの年中行事や四季折々の食事、薬の注意などをまとめた書物で、商品を手配するタイミングの参考にします。

4 バイヤーのミッションとは

百貨店、量販店、専門店など、いわゆる小売店で商品を仕入れ、品揃えをする責任者。国内外の展示会、コレクションを飛び回り、商品発注、買い付け、納品、販売、在庫、利益確定まで管理する仕事です。

企画部門やMDが作成した**シーズンコンセプト**をもとに、企業のブランドイメージに沿った買い付けをします。そのために、国内外を問わず、展示会、コレクションを回り、メーカーや問屋から商品を仕入れます。

仕入れ業務は、企業ごとに形態が異なりますが、ブランド全体で一括仕入れをする本部仕入れ＝セントラルバイイングと、それぞれの店舗に裁量が任せられる各店仕入れがあります。本部仕入れは仕入れ業務を本部一か所に仕入れ業務を集中し、そこから各店舗へ商品の手配をします。この場合は、**バイヤー**は本部（企画部門であることが多い）所属で、仕入れ計画に基づいて買い付けを行います。

仕入れ計画は、週別（52**週MD**）、アイテム別に組み立てられています。最終的に、店舗への納品が過不足なく、遅延なく行われるように、取引先や関係各所との細かいコミュニケーションが不可欠になります。

各店舗仕入れ・個店仕入れは、各店舗にバイヤーがいる場合と、店長が兼務する場合があります。本部仕入れのようにスケールメリットは得ることができませんが、個々人のお客様を想定した仕入れができるため、各店舗の特性を重視した仕入れができます。

●3シーズンを見つめるバイヤーの目

バイヤーの仕入れ業務は、店舗に商品が並ぶ半年前から始まります。それまでに市場調査やファッショントレンド情報、店舗ヒアリングをもとにしたシーズンコンセプトから仕入計画を作成します。計画では半年後に何がどれくらい売れるかを想定して仕入れ予算を決定します。その計画通りに買い付けるためには取引先メーカー、問屋と常に綿密なコミュニケーションをとっておく必要があります。事情により、仕入れできないものが明確になれば、共同企画などの作製依頼での対応も考えます。

半年後のシーズンに展開する商品の仕入れ業務をしながら、今シーズンの商品展開がされている店舗での商品動向をヒアリングします。現場の生の声を聴くことが次シーズンの仕入れ計画のヒントになります。さらに、同時期に1年後の生地の展示会もチェックすることができます。次に来るファッショントレンドを感じながら、1年後の仕入れ業務の参考にします。

バイヤーに**目利き力***は必要ですが、仕入れたものすべてがヒットすることはあり得ません。重要なことは、店頭で完売してもらうことです。そのために、日常から販売スタッフと商品についてコミュニケーションを取り、お客様に自信を持って勧めてもらえるようにしておきます。

セレクトショップバイヤーの年間スケジュール

2月 ―― 秋／冬コレクション
3月 ―― 秋／冬コレクション
4月 ―― 秋／冬コレクション
（2月〜4月：他周辺展示会、国内店舗春／夏売上チェック）
5月 ―― 国内店舗春／夏巡回
6月 ―― 国内最終冬物展示会
7・8月 ―― 国内春／夏最終売上チェック
9・10月 ―― 春／夏コレクション展示会

ニューヨーク ▶ 毎年2／7〜13頃
ロンドン ▶ 毎年2／15〜19頃
ミラノ ▶ 毎年2／20〜25頃
パリ ▶ 毎年2／25〜3／5頃
東京 ▶ 毎年3／18〜23頃

用語解説

***目利き力**　目が利くこと、見分ける力のことを指します。モノの真理などを感じ取れる力、善悪を見分ける能力、物事の本質を見抜く優れた力、鑑識眼があるということです。バイヤーにとっては、生活者が求めるものを見分ける力を指します。

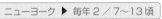

5 総責任者クリエイティブ・ディレクター

クリエイティブ・ディレクター（CD）は、商品企画から、生産、販促、販売までのブランド管理全般にわたって責任を負う仕事です。徹底した企画力と時代感覚、経営センスなど幅広い知識が要求されます

●クリエイティブ・ディレクターとは

クリエイティブ・ディレクター（CD）の役割は、ブランドビジネスにおける宣伝広告をはじめ、商品、コンセプト、デザイン、生産、店頭展開までの業務全般に関わり、ブランドイメージを戦略的に統括する最高責任者です。

鮮度が問われる「生鮮食品」と同様に例えられるのがファッション業界です。昨日までの先端ファッションが今日には時代遅れになることがあります。CDには目まぐるしく変わるトレンドやライフスタイルの変化に対応できる時代感覚が問われます。また、今後ますます増え続ける国際間競争に打ち勝つための広い視野とコミュニケーション力も要求されます。

●CDに問われる時代感覚と広い視野

CDに必要とされる能力、時代を読む力と広い視野には次の要素があげられます。

①企画力

CDに求められる要素の一つに企画力があります。ブランドから発信するコンセプト。他社との圧倒的な差別化を図るための独自性を表現できる企画力が求められます。

②先見性

国内外の**マーケット情報**やコレクション情報、テキスタイル（生地）、カラー情報などをもとに、次の**ファッショントレンド**を読み、その読みに向けたディレクション（ブランドの方向性）を決定します。

③コミュニケーション力

ブランド運営業務の全般にわたり統括するCDは、その業務の円滑化のために、取引先はもちろん、社内スタッフ全員とまめなコミュニケーションを取り、良好な人間関係を構築しておく必要があります。デザイナー（近年はCD兼務も多い）や、MD、広報担当者との連携も多く、バイヤーの海外買い付けにも同行します。

④経営センス

ブランドのディレクションを発信し、それに向けてあらゆる部門のスタッフをまとめるヒューマンスキル。ブランドイメージを訴求しながら、計画通りに商品が生産、納品、販売されるようにコスト管理ができるマネジメントスキル。最小限のスタッフと経費でビジネスを運営できる能力が重要です。

94年にグッチのCDである**トム・フォード**＊が商品デザイン以外にマーケティングや広告戦略などブランド事業全般を担い、劇的に再建を成功させました。それ以来、CDという役割がブランドにとって最重要視されています。

経営センスが求められる業種

動いているプロジェクト
を俯瞰で考えられる
才能が必要

用語解説

＊**トム・フォード**　アメリカ合衆国テキサス州オースティン出身のファッションデザイナー、モデル、映画監督、また、彼の名を冠したファッションブランドです。映画監督２作目では第73回ベネチア国際映画祭審査員大賞を受賞し、マルチな活躍をしています。「グッチ」ブランドを復活させた手腕も、業界から高い評価を得ました。

6 本部と店舗のパイプ役スーパーバイザー

店長と販売スタッフが日々の店舗運営を滞りなく行い、売上増進を図りやすくするために、コミュニケーションを取りながら、本部の意向を伝え、サポートをしていくのがスーパーバイザー（SV）の仕事です。

●傾聴力を問われるSVという役割

SVは本来監督者、管理者、指導者という意味になります。ファッション業界では、チェーン展開する小売業で本部所属の店舗運営スペシャリストのことをSVといいます。企業によってはSVの担当地域が決っている場合もあり、**エリアマネージャー**と呼ばれることもあります。

店舗の日常は店長と販売スタッフによって運営されています。SVは各店舗の予算達成、さらなる売上向上のために、日々、複数店舗を巡回して、コミュニケーションを取りながら各店舗の問題点、改善点を発見していきます。アドバイスや指導、時には販売サポートをして問題解決にあたります。

SVは本部の方針、意向を店舗に正確に伝え、周知徹底を図る役割も担います。その際に、店舗から挙がる生の声を吸い上げ、本部へ**フィードバック**します。店舗と本部をつなぐ重要なパイプ役であり、本部バイヤーや店長経験者で現場経験や知識に裏付けられたマネジメント能力が必須です。

●SVに求められる能力と仕事

①リーダーシップ能力

SVとして複数店舗を担当するということは、属性の異なる店舗間の売上・在庫管理、人事配置の調整ができなければいけません。また各店舗内の予算管理以外の物事や問題の解決にあたってもリーダーシップ能力が必要とされます。

用語解説

＊**ニーズ**　「需要」「欲求」「必要」を意味する英単語。顧客の欲求を表す言葉。ユーザーの中では「顧客ニーズ」を満たせる具体的な手段は明らかにはなっておらず、欲求を満たせる商品やサービスを探している段階です。

②コミュニケーション能力

リーダーシップを発揮するためにもコミュニケーション能力が重要です。本部からの指示を店舗へ正確に伝えるとともに、店舗からの意見や要望が店舗運営に反映できるように本部に伝えられる能力が問われます。

③数値管理・データ分析能力

店舗運営に関わる数字には売上予算、在庫、買上金額・枚数、客単価、商品単価、粗利、商品回転率などがあります。その他にECサイトやSNSを通じて購入に至った数字もあります。それらのデータを数値化して、お客様の属性や**ニーズ**＊の把握、商品**属性**＊を理解して店舗運営に反映させます。

④好奇心

競合他社の商品動向や、ファッション以外の周辺環境情報など、あらゆるものへの興味・関心は自社の集客に活かされます。SVにとって最も重要な要素は、誰よりも自社商品が好きという熱意がある事です。その気持ちが、円滑な店舗運営の根幹になります。

売上に直結する業務を担う仕事

地域性や顧客動向などの分析力もスキルの一つ

用語解説

＊**属性**　一般にあるものに共通して備わっているとされる性質や特徴のことです。店舗属性、商品属性、顧客属性など多くの分野で使用される用語です。

店舗運営の全責任を持つのが店長の役割 7

店長としての業務の中心は、売上管理、商品管理、在庫管理、売場管理、スタッフ管理、顧客管理など店舗運営全般の仕事に責任を持ちます。本部やディベロッパーとの連携も重要な役割になります。

●予算達成が全ての業務の根幹に

店長の仕事は多岐に渡りますが、最も重要な役割は、本部から任された売上予算を達成することにあります。そのために、日々のスタッフの出退勤の調整や、商品の店頭展開、在庫回転率の向上、お客様への連絡、接客と販売に注力しています。さらには、本部や**ディベロッパー***の方針に従いながら、自店の意向も反映されるようにコミュニケーションを図ります。各店舗の売上の積み重ねが企業の存続に関わるという意味ではファッション業界で最もやりがいのある重要な職種といえます。

●予算達成に必要な管理業務とは？

①売上管理

店舗、ブランド、会社すべての存続のために、売上アップを図るのが最重要課題です。

店長は、本部から任された売上予算を達成するために、年間売上計画を月間、週間、日々の販売目標へ落とし込みます。本部主導の全社催事や取引先に合わせた催事の実施。自店の置かれた立地条件や季節、気候に合わせた独自催事等の開催をします。

②顧客管理

初めての買上から、いかにしてお得意様になっていただくか。SNS全盛の今だからこそ、何を購入したか以上に、どこで誰から購入して、どんな体験を

用語解説

***ディベロッパー**　不動産・建築業界では「土地や街の開発事業者」のことを指します。複合商業施設、大型マンションの開発をするのがディベロッパーの役割で英語で「developer＝開発者、造成業者」という意味があります。

得られたか。モノを購入する行為よりも、そこで得られる感動体験が重要視される時代です。人と人とのつながりを大切にできる人間性が求められます。

③商品管理・在庫管理

店舗ごとに商品の売上金額も売れ筋も違います。自店の特性を理解した上での商品展開やディスプレイで売上アップにつなげます。また、在庫商品の店舗間移動を速く実施することで、販売ロスをなくし、店舗内の商品鮮度、回転率をあげることに努めます。

④スタッフ管理

店長はスタッフの出退勤や休日取得を管理し、スタッフ同士の人間関係が良好になるように、コミュニケーションを密に取ります。全員の**モチベーション***高めることで、日々の業務にやりがいを感じてもらいます。

⑤協調力

店長は本部や取引先から発信される催事の運営方法や商品展開方などの指示・方針を正確に理解し、店舗業務に反映させます。また、店舗運営に必要な要望や報告事項を伝え、自店を理解してもらうことも重要な役割です。

アパレルショップ店長の重要性

多角的な分析を
踏まえた上で売り
上げ予算達成が
最終目標

用語解説

＊**モチベーション** 「動機（づけ）」「刺激、やる気」という意味です。動機には、「人が行動を起こす際の要因や目的、きっかけ」と言う意味があり、人の内面に関する用語です。ビジネスシーンで利用されるモチベーションには、「やる気、意欲」の意味合いで使われます。

8 販売スタッフがファッション業界の要

店頭でもSNSでも、お客様に直接着こなし方のアドバイスや楽しみ方を伝える重要な役割になります。専門的知識の吸収と発信を続けることで、ブランドのファンになっていただくパイプ役を担っています。

●ファッションのスタートは店頭から

店頭の売上があってこそ企業が繁栄・存続します。売場という最前線にいて、売上を担っているのが**販売スタッフ**です。所属企業によって、**ファッションアドバイザー**（**FA**）、ファッションコンサルタント、セールスインストラクター、セールススタイリストという呼ばれ方をしています。

大手企業であればあるほど、販売スタッフからのキャリアスタートが通常です。売場での接客経験の積み重ねが、副店長、店長へと成長していく過程でのリーダーシップ采配の基礎になります。また、実店舗以外のECサイト上においては、実店舗のお客様とのやり取りが、無店舗販売でのお客様の購買心理の理解に大いに役立ちます。

販売知識や商品知識は仕入れ・販売計画を必要とするマーチャンダイザーやバイヤーへのキャリアアップへの道を広げます。接客経験は対人関係を活かせる営業職や**スタイリスト**への**キャリアアップ**へつながります。お客様と直接関わることができる店舗での販売経験は、培ってきたあらゆるノウハウがファッション業界すべてのキャリアのへ確実な基礎、足がかりになります。

●販売スタッフという仕事

①ディスプレイ、商品展開

お客様が来店され、一番最初に目にするのが、ディスプレイと商品展開です。遠くからでも目を引き、手に取りたくなるコーディネートや、アイテム別、サイズ別、カラー別に整理された商品は、見やすい、買いすいレイアウトとして売上に貢献します。

②接客対応

お客様への声がけ、商品やコーディネートの提案、試着への誘導から購入まで、すべてのプロセスに関わります。接客対応では、モノを売ること以外に、自身の持つ会話スキル、商品知識、センスなどからお客様に喜んでいただける感動体験を重ねます。

③顧客管理

一度でもお買上げのあったお客様に対しては、その後にもフォロー連絡をとります。電話、手書きDM、メール、LINE、その他SNS等、お客様の都合に合わせた方法で継続し、固定化へつなげます。

④商品管理（店頭在庫管理）

商品が納品されたときに検品、数量チェックをします。その後に店頭展開商品・**バックヤード**＊保管商品に分類します。バックヤードから、すぐに商品補充ができるように、アイテム、カラー、サイズ別分類をして整理をしておきます。

直にお客様の接する仕事の大切さ

お客様一人一人の
ライフスタイルが違う
ということが前提だ

用語解説

＊**バックヤード**　店舗のうち、売場に供さないスペースです。小売業においては商品倉庫（ストック）やパッケージングをするスペースなどを指します。

9 ディストリビューターは情報分析官

ディストリビューター（DB）はMDやバイヤーが手配した商品を、様々な条件と数値を考慮して各店舗へ振り分けます。各店舗の在庫コントロールをしながら、全社的な売上アップを図ります。

●在庫調整が売上を大きく左右します

ディストリビューター（DB）は、各週（各月）毎に計画された商品投入予定に則って、チェーン展開する各店舗の予算や、適正在庫、店長から希望された商品の手配などを考慮した上で、商品投入をします。売上アップのために、どの店舗にどの商品をどれだけ投入すると最適かを判断し、投入後の在庫も見極めます。各店舗の在庫状況や**回転率**を確認、把握した上で、さらに売上アップのために商品移動を繰り返します。

DBが店舗の様々な状況を理解し、どれだけの精度で、どれほどの回数を重ねて在庫をコントロールしたかで各店舗の売上状況から全社の売上状況まで左右してしまいます。企業、ブランドの存続にまで関わる重要な仕事といえます。店舗との関係性から営業担当者が兼務する企業もあります。

●売上最大化のためDBがすべきこと

①売上状況把握・分析

前シーズンに実施した店舗スタッフとの反省事項から、**顧客属性**＊や売れ筋を把握、分析して今シーズンの商品振り分けに活かします。毎シーズンの店舗へのマメな訪問とコミュニケーションが重要になります。

②MD計画にのっとった商品振り分け

52週間に分けられた商品投入計画から、各店舗の地域性、売上高、立地、店長・スタッフの個性、そして一番重要な顧客属性をもとに、各店舗への振り分

用語解説

＊**顧客属性**　ある製品やサービスを購入する顧客の特徴や属性のことを指します。具体的には、年齢、性別、居住地、収入、職業、趣味、嗜好、ライフスタイル、家族構成などが挙げられます。顧客属性は、マーケティングや販売戦略の立案や顧客サポートなどに役立ちます。

け商品を決定します。売り逃しも売れ残りも発生しない最大限の売上が取れるような商品の投入です。

③店舗間商品移動による在庫コントロール

データ上で売上登録された商品は、その店舗で自然に売れたのか、努力して売ってくれたのか？本来は売上登録された店舗へ、在庫のある店舗から商品移動して、再度、売ってもらうのが最善策なのですが、必ずしも正しいとは言い切れません。移動にも見極めが重要です。予想以上に売れた店舗へ、在庫切れが起きないようにするための大量な商品移動も同様です。各店舗と密にコミュニケーションを取り、無駄のない**在庫調整**をしなければなりません。

④自社倉庫内の在庫管理

自社で倉庫を持ち、店舗やEC用に在庫管理をしている会社もあります。倉庫内商品を店舗への再納品や、EC発送分として保管・管理しています。常に実在庫を把握しておき、商品発送等を滞りなく行うために、倉庫スタッフとの日頃のコミュニケーションを密にしておくことも重要な仕事です。

在庫コントロールのスペシャリスト

自社倉庫の在庫状況を
逐一把握しながらも人気
商品を品切れにしない

10 営業スタイルも変わりつつあります

販売の現場においてECやSPA業態が主流になり、SDGsを意識した生産が進む時代の営業現場です。新規顧客の開拓や追加受注よりも既存の取引先、直営店へのフォローが役割の中心になります。

●企業の顔として取引先と対話する

アパレル企業、小売業共に**営業担当**は、その時代、それぞれの企業指針に沿った分類の仕方で、その担当範囲が変わってきます。ブランドごと、地域ごと、百貨店・路面店のようなロケーションごと、百貨店グループごと、売上高ごとと、さまざまです。いずれの分類にしても、路面店以外は取引先があっての営業活動になります。

仕事としては、**担当店舗**の取引先担当者と、それぞれの立場で抱える年間予算や催事予定の突き合わせがあります。共に利益が取れるような売上高や経費の計算があります。そこで一番重要な取り決め方は店舗にとって極端な負担がかかるようなことがなく、日々の仕事が進めやすいような内容で進めていくことです。顧客名簿からのリストアップと連絡・告知手段、催事用商品手配、人員配置、スタッフの休日などに配慮した上で年間予算と催事の運営をまとめます。

●店舗と一丸となって目標達成をする

担当店舗の店長とも、年間予算や催事予定の打ち合わせをします。取引先担当者との打ち合せで配慮した点を十分に活かして、店舗としての1年間がどうあるべきかの**営業指針***を完成します。その指針に則って店舗が滞りなく運営できるように、人員的にも、商品的にも全力でバックアップ、フォローしていくのが営業担当の社内的役割です。

スーパーバイザーと同様に、本部の意向をスタッフ

用語解説

＊**営業指針**　企業や組織の営業活動を統一的に行うための方針や基本方針のことを指します。営業指針は、企業が達成したい営業目標や、顧客との関係を構築するための方針、営業活動のやり方やスタイルなどを明確にし、営業チームが一体となって行動するための指針です。

たちへわかりやすく伝えたり、ショップスタッフがお客様からいただいた意見を吸い上げ、本部、企画スタッフへフィードバックをして、商品作りへの協力をしていきます。

また、営業担当者は各店舗へ一番頻繁に通っている役割であるという観点から、ディストリビューターと兼務する企業も多いです。店舗スタッフとの日頃の密なコミュニケーションと、そのためのマメな店舗間移動で、同時に商品移動も兼ねてしまいます。売上把握をして、すぐに在庫調整をすることで、店舗と一丸となって売上アップ、予算達成を目指します。

●商品展示会というアパレル営業

アパレル企業の営業担当の仕事には、小売店、特に百貨店バイヤーとの展示会での商談があります。シーズンごとに開催され、自社商品の発注をしてもらいます。その場での商品への感触から、次シーズンへ向けての商品内容や生産量、投入時期などの検討へ入ります。商品投入後に、販促キャンペーンやイベントの計画、実施が待っています。

営業マンの仕事は「営業」だけではない

店舗とコラボして
売り上げ達成のために動く
ことが評価される

11 ブランドの顔で裏方でもあるプレス担当

プレス担当者は、マスメディアへの登場もあり、華々しく格好の良い憧れの職業として見られがちです。実際は表に見える仕事よりも、その前提になる裏方での地道な業務に大変高いウェイトがかかる仕事です。

●広報担当者としてのプレス業務

ファション業界で、プレスと呼ばれるのは、フランス語でいうアタッシェ・ドゥ・プレス＝**広報担当者**のことです。通常はプレス担当と呼ばれ、マスメディア対応を主とした仕事にしています。企業ごと、あるいはブランドごとにプレス担当が置かれ、さまざまな案件を処理しています。担当するブランドの商品や店舗の**PR活動***を通して、一般の人に知ってもらう仕事です。ブランド、店舗のファン作りを担っているともいえます。

●プレス担当の主な業務

①ブランドカタログ作成

ブランドイメージを表現するためのカタログ作成、配布をします。そのための写真やビデオ撮影の準備、立ち合いをします。実際に、そのブランドの表す世界観やコンセプトがきちんと表現されているかの確認をします。

②プレスリリース作成、配信

自社で発信したい情報が、マスメディアが欲する、興味を持てる情報でなければ取り上げてもらえません。具体性、客観性を持たせた信頼できる新しい情報としてリリース（情報提供）します。

③TV，雑誌への衣装貸し出し、管理

タレントやキャスター等が着用する服を担当スタイリストへ貸し出します。誰がどのような場面で着用するのかを確認し、場合によっては断ることもあ

用語解説

***PR活動**　パブリック・リレーションズの略で、広報活動であり、企業や商品、サービスなどを広く認知してもらうための様々な活動のことをさします。

ります。ブランドイメージをキチンと伝え、コンセプトの整合性を保つのもプレス担当の仕事です。雑誌等でモデルに着用してもらう時は、掲載原稿を作成することもあります。

④展示会、ファッションショーの企画、運営

シーズンごとに開催される展示会やファッションショーの企画、運営にも携わります。招待する業界関係者、メディア関係者のリストを作成し、誰をどこに着席してもらうか、席次の作成から当日の案内業務まで対応します。ゲストタレント選出やBGM、ショー全体の演出も手伝うこともあります。

⑤SNSの発信、更新

インスタグラムやツイッターなどの発信、更新も重要な業務のひとつで、カリスマ販売スタッフや店舗紹介なども行います。

●プレス担当に必要とされる能力

①コミュニケーション力

文章掲載だけでなく、自分自身が媒体に出る機会も多い仕事です。一般の読者、視聴者から好感が持たれるような人間性やトーク力もファン作りに必要です。

メディア担当者との人間関係を円滑に進められることで、露出チャンスが広がります。社交性があり、人的ネットワークを広げて、コミュニケーション全般が柔軟にできる人が望まれます。

②アパレル知識

商品の詳細を語るにはデザイナーからの**レクチャー***はもちろんですが、プレス自身の言葉で表現できるとなお説得力が加味されます。そのためにファッション全般に関する深く広い知識は必要不可欠になります。

自社にプレス担当者を配さずに、社外のプレス業務専門の会社に委託して、プレスリリースから、商品貸し出し、回収などメディア対応全般をきめ細かく対応をしてもらっている企業も多くあります。

用語解説

＊**レクチャー**　語源はラテン語「Lectio(レクティオ)」＝「読む」という意味の言葉で、「読み聞かせる」ということから「講義」という意味になりました。詳細にしっかりと行う意味や定義を伝えるという意味です。

12 スタイリストが着こなしを作り出す

最新のファッション情報を持ち、自身の感性とスタイリング技術を持って、ファッション雑誌やカタログ撮影でモデルが着用する服や、アクセサリーのコーディネートを完成させるスペシャリストです。

●買いたいと思わせる着こなし提案

スタイリストはファッション雑誌やカタログ等の撮影でモデルが着用する商品＝洋服やアクセサリーのスタイリング（着こなし）をコーディネートしたり、ファッションショーでモデルが身にまとう衣装のスタイリングを担当したりするのが主な仕事です。

雑誌等で使用する衣装は、その現場のテーマとして必要とされそうな服やアクセサリーを、様々なファッション企業から借りてきて対応します。ある特定ブランドの広告写真撮影の依頼であれば、そのブランド1社の商品だけで**コーディネート**します。多くの場合は、雑誌のテーマがあり、そのテーマのイメージに合う商品をいくつものブランドから借りて、または購入したり、スタイリストの私物を持ち込んだりして、コーディネートを完成します。特に、誌面にスタイリスト名が掲載されたりもしますから、他のスタイリストとの競合もあり、最もその時代のファッション感性とコーディネートスキルが問われる仕事です。

●洋服の管理は返却まで徹底的に

撮影現場でモデルが着用する服は、あらかじめファッション企業のプレス担当と打ち合せで決めておきます。朝早く企業を訪問し、何点もの該当商品を借り、重い荷物を抱えて撮影現場へ向かいます。現場では、商品によってはアイロンをかけ直したり、サイズバランスをとるために、**ピンワーク**＊をして、モデルにジャストフィットさせる工夫もしています。夜間まで

用語解説

＊**ピンワーク**　服・生地などの商品を、細いピンと、てぐすやナイロンなどの細い糸でモデルやマネキンに仕立て上がりのドレスをつけたり、ショーウインドーにディスプレーする方法です。

撮影に付き合うこともしばしばで、撮影終了次第に返却という、体力的にもかなりの重労働です。

映画撮影などでは細心の注意を払っていてもシワや汚れが発生してしまいます。返却時にはシワを取り、汚れを取り、タグを付けなおして、原状回復をして返却します。場合によっては買い取り対応もあります。対応いかんによっては、企業からの信用を失ってしまうため、商品管理には十分に気を遣います。

●スタイリストとしての働き方

スタイリストの仕事をするには、スタイリスト事務所に所属する場合と、**フリーランス**＊の場合があります。事務所であれば、会社として受けた依頼を担当として仕事をします。アシスタントとしてスタートして、感性やコーディネイトスキルを磨きながら日々の業務を重ねていきます。様々な企業からの依頼で、アシスタント時代から多くの経験を積んでいくことができます。ここで多くの人とのつながりを築いた後に、フリーランスとして働くのが一般的な独立への道筋です。

スタイリストの仕事とやりがい

有名芸能人には専属のスタイリストが付いていることが多い

用語解説

＊**フリーランス**　特定の企業や団体、組織に専従しておらず、業務委託により自らの技能を提供することにより社会的に独立した個人事業主のことです。中世ヨーロッパで、契約により有力者に仕えた騎士をフリーランスと呼んだことに由来するとも言われています。

13 リアルとNETの共存関係を支えるEC担当者

コロナ禍の影響で、世界中の人々が外出禁止を余儀なくされる生活スタイルに変わりました。非接触の販売手法が中心のECは、ある意味で全ての企業にとって救世主的な販売手法の広がりだったといえます。

●そもそもECの販売スタイルは？

ECとは「Electronic Commerce＝電子商取引」という意味です。一般的には「ネット通販」「オンラインショップ」「イーシー」と呼ばれています。その販売形態は、**「モール型」**と**「自社EC型」**の2つに大別されます。モール型はZOZOTOWNやAmazon、マガシーク、楽天市場などがあります。モール内には不特定数のユーザーが常に回遊しているため、その中でいかに自社ブランドの売上を獲得するかが課題になります。サイトの運営は基本的にモール側ですべて運営され、出店するブランド側は商品を消化（売上仕入）形態でモール側に納品し、撮影からサイト掲載までモール側の担当者によって運営されます。そのため、顧客情報は性別や年代等以外はモール側から開示されません。

自社サイトは、多数のユーザーが回遊しているわけではなく、運営するブランドからアクションを起こして、来店を誘発しなければなりません。大手企業であれば、ある程度の来客は見込めますが、認知度がそれほど高くない企業の場合は、常に何らかの発信やSEO対策が必要になります。自社でサイト構築をして運営、管理もすべて自社内で進めます。場合によっては、サイト運営会社に業務委託をして自社コンセプトに則った運営を進めていきます。自社サイトでの運営の場合は、初期費用からシステム構築、商品撮影、広告制作、決裁管理、物流管理、**顧客管理***とすべての業務に対しての管理体制が必要になります。

用語解説

***顧客管理**　企業や組織が顧客との関係を管理し、顧客に対して適切なサービスや製品を提供するための活動を指します。具体的には、顧客データの収集、分析、保存、共有、利用、管理などを行い、顧客との関係を構築し維持することです。

●ＥＣ担当者の多岐にわたる役割

ＥＣ担当者の仕事は、ＥＣサイトの運営、管理以外に、リアル店舗と同様の周辺業務が必要になります。

①会社の販売計画に則ったアイテム仕入れ、展開

②売上・損益管理

③展開商品の撮影、宣伝コピー確認、掲載、商品投入と在庫確認

④展開広告の確認、ＳＮＳの運用、ＳＥＯ対策

⑤ＥＣオリジナル商品の開発、リアル店舗との連動

商品の管理業務全般を通して、ＥＣサイトからブランドのファンになり、リアル店舗に行きたくなるような連動性の工夫が要求されます。

●ＥＣ担当者に必要とされるスキル

他の仕事と同様に、販売スタッフとしての経験があると、様々なシーンでのお客様の購入心理が理解できます。バイヤーやＭＤ、生産管理の経験があれば、仕入れや納品、店頭展開のノウハウが活きます。いずれにせよ、お客様目線に立った、サイトのランディングページ作成から、仕入れ商品の選択、掲載ページの作成、商品の配送方法、到着後のフォロー等、リアル店舗と遜色ないように対応できる繊細さを持ち合わせていることが必要です。

EC 担当は Web のスキルも必要

オンタイムで入ってくる
オーダーを滞りなくさばく
能力を持つこと

column

ファッションとアパレル、そして流行

「ファッション」とは、「作ること」「行為」「活動」を意味するラテン語のファクティオ(Factio)が語源です。名詞としての意味は、第一義には、誰もが理解している意味の「流行」「はやりの形」であり、「今行われつつある風習」を指しています。第二に、語源本来の意味で「仕方」「方法」「様式」「型」を表わし、時には、「流行界」や「社交界」を指しました。

一般的に「ファッション」というのであれば衣服だけではなく、「靴」「バッグ」「アクセサリー小物」等の洋服周りのすべて、さらには「化粧品類」「音楽」「自動車」等さまざまな分野を含みます。また、生活の仕方や行動様式、風俗等広く生活全般に及ぶ言葉になります。

一方、アパレル(Apparel)とは、洋服そのものを指す言葉になります。「婦人服」「紳士服」「子供服」「スポーツウェア」等です。参考までに、和服はファッションではありますが、アパレルの分類には含まれません。

ファッションの分類に「スタイル」という言葉があります。あまり流行には左右されずに、基本的な要素で長く続い行くものを示しています。トラッドスタイル、ビジネスマンスタイルなどがこれにあたります。

ファッション用語によく出る「トレンド」という言葉は、ある一定の時点で人気のあるファッションスタイルのことで、大きな流れや方向、勢いを指します。2023年トレンドカラー、トレンドアイテム等の表現で使われます。「ファッド」という言葉も「ファッション」用語の一種です。一部の地域で、一部の人々の間に限定された、一時的な流行のことで「ゴスロリ」などがそれにあたります。

第11章

ファッション業界のSDGsと未来

ファッションとSDGsの親和性はどのような状況なのでしょうか。海外縫製工場での大事故をきっかけにできた業界団体、コットンに代表されるSDGs、化学繊維を中心としたリサイクルシステム、ジェンダーレス問題などです。

How-nual
図解入門
業界研究

1 「ラナプラザの悲劇」という歴史的事故

バングラデシュにとって主要産業が縫製業です。世界の名だたる企業の服を作る工場がたくさん存在します。その工場で悲惨な大事故が発生し、労働環境のあり方を一大転換させる大事件になりました。

●「ラナプラザの悲劇」の原因は？

南アジアの**バングラデシュ人民共和国**＊の首都・ダッカから北西約20キロの街・サバール。その街の商業ビル「**ラナプラザ**」が、2013年4月24日に突如崩壊し、多数の犠牲者が出てしまった事故をラナプラザの悲劇といいます。亡くなった方は1，100名以上。負傷者は2，500名以上、行方不明者は500名以上という大惨事でした。

「ラナプラザ」ビルには、銀行や商店のほか、縫製工場が所狭しと詰め込まれていました。事故前日には、ビル崩落を起こしうる危険な亀裂が見つかり、地元警察からビル使用の中止と退去命令の警告が出されていました。にも関わらず、工場が稼働され続けたのは、工場のマネージャーたちが仕事をしなければ解雇すると、従業員たちを脅迫していたからだ、という事実も判明しました。

事故後の調査では、大型の発電機と、数千台にもおよぶミシンの振動が、誘因であったことに加えて、建物は正規の許可なしに建築されており、5階よりも上の階は違法に増築された建物だという事も判明しました。

●事故原因をはっきりさせると

流通コストを下げるために起きてしまった事故の主な問題点は以下3点にまとめられます。

①労働条件に見合わないレベルの低賃金

用語解説

＊**バングラディシュ人民共和国**　南アジアに位置する独立国で、インド・ミャンマー・バングラデシュ湾に囲まれた国です。首都はダッカであり、人口は約1億6,000万人です。近年、バングラデシュは急速な経済成長を遂げており、特に繊維産業の成長が著しいです。

事故当時のバングラデシュ繊維業界における平均月収は3，900円ほどでした。ファッション業界における価格競争の影響により、競合ブランドより少しでも低価格で、市場に商品を届けるため、製造段階における人件費を削減する必要があります。（それ以外に、流通段階での中間搾取も考えられます）

②心身に悪影響を及ぼす劣悪な労働環境

長時間労働に加えて肉体的かつ精神的虐待が多発している職場環境。女性労働者が大半を占める縫製工場では、男性マネージャーやオーナーからのパワハラやセクハラが、時には暴力まで横行していました。

③安全対策の欠如、管理体制の不備

コスト削減のために下請け、孫請け業者が老朽化した建物を積極的に使用しています。ラナプラザの5階より上階が違法に増設されたフロアで、さらに、事故原因となった振動を引き起こした4台の大型発電機もまた、違法に設置されたものでした。この事故をきっかけに業界が動き始めました。

バングラデシュのある南アジア地区の現状

庶民のほとんどは日々の暮らしにも苦労しているという現実

▲発展途上国としての立ち位置が国民の貧困と関係する

2 ラナプラザ後に問われた業界の方向性

「ラナプラザ」の痛ましい事故を契機に、労働環境や人権問題の改善、サプライチェーンの透明化など、幅広い分野にわたって良い影響が及ぶような協定や連合が結成されてきたといわれています。

●労働者の環境改善のための安全監視機関

ラナプラザ事故から1カ月後の2013年5月、日本でも知られる「ZARA」を展開する「INDITEX」や「H&M」をはじめとしたヨーロッパ発祥のアパレルブランドの多くの企業が、ずさんな安全対策を改善するためにと**安全監視機関***を設けました。

「バングラデシュにおける火災予防および建設物の安全に関わる協定：アコード」です。日本からも、ユニクロが同年8月には署名をして200以上の企業が署名をしました。このアコードには法的拘束力があり、実際に1，700にも及ぶ工場を監視し、9万7，000件以上の危険性を発見して解決してきました。

さらに、アメリカ企業が中心に「バングラデシュ労働者安全連合：アライアンス」を同時期に設置しました。工場の安全性と労働環境の監視にあたることになり、法的拘束力はありませんでしたが、実質的に1，000カ所近い工場の安全を監視していました。これら両監視機関の設立により、バングラデシュの労働者の環境が改善へ進んだことは間違いありません。

●安全監視機関の継続運用への道

両機関とも活動期間が5年と期限付きだったためにアライアンスは18年で活動を停止。アコードも停止予定で、バングラデシュの下級裁判所は活動停止命令を出しました。が、同機関は各地の縫製工場がいまだリスクを多分に抱えていると判断し、19年5月に上

用語解説

＊**安全監視機関**　特定の分野において、安全に関する監督や規制を行う機関のことです。これらの安全監視機関は、専門的な知識や技術を持った専門家が所属し、安全性に対する高い基準や規制を設け、監視や調査を行うことで、事故や災害の予防を目指しています。

訴。その根拠としたのは、ラナプラザ事故以降に各地で発生した大火災事故の安全基準違反に対して摘発をしない政府の対応や、最低賃金の引き上げを求める平和的な抗議行動に対して、警察が催涙弾や放水銃などの強硬手段で群衆を逮捕した事件を挙げています。

米非営利団体**「国際労働権フォーラム」**＊は、「労働者に銃を向ける国の政府が、彼らの権利を守るとは思えない。政府は労働者の安全より、世界で最も安い労働力を提供することを優先している」と批判。また、非政府組織：クリーン・クローズ・キャンペーンは「信用のおける代替組織がないままにアコードを解散することは、労働者の安全を大幅に後退させることになる」と警告しました。

結果的には2021年8月31日までの活動継続が認められ、21年9月1日には新たに「繊維・縫製産業における健康と安全のための国際協定」に引き継がれました。以降26カ月間を有効として、バングラデシュ以外の国への拡大も検討されています。

ラナプラザ事故を機にできた主な団体

団体名	英語表記	略称（日本語）
建設物の安全に関わる協定	The Accord on Fire and Building Safety in Bangladesh	アコード
バングラデシュ労働者安全連合	Alliance for Bangladesh Worker Safety	アライアンス
国際労働権フォーラム	International Labor Rights Forum	フォーラム
クリーン・クローズ・キャンペーン	Clean Clothes Campaign	CCC

用語解説

＊**国際労働権フォーラム**　国際労働機関（ILO）が運営するWebサイト「ILO Global Dialogue on the Future of Work」内にあります。ILOは、労働者の権利や社会正義、雇用機会の創出などを促進することを目的としています。

11-3 ファッションとサステナブルの親和性1

ファッション産業にサステナブルを求めると原料、染色、加工、生地。各段階での取り組みが考えられます。さらに、オフィス環境の改善等。ファッションを通じて社会を良くする可能性が見えてきます。

●素材別に見るサステナブルの多様性

世界の繊維総生産量から、素材別構成比を確認すると、ポリエステルとコットンの2素材で8割近くになります。素材に持続可能性を見出すのであれば、この2素材中心に焦点を当てるのが最も有効であることに気がつきます。そこには素材の生産方法や代替素材の選択も視野に入れる必要がでてきます。

●自然由来のコットンは環境に優しい？

多くの人に最も親しまれている素材がコットンでしょう。原料が植物由来であることから、環境に優しいイメージがあると思います。実はその生産過程において、大量の水資源を消費するという、きわめて大きな環境負荷が問題になっています。コットン製Tシャツ1枚作るために必要な水の量は約2，720リットルを必要とします。さらに、綿花はインドや中央アジアなどの、もともと水資源が乏しい国で盛んに栽培されているという二重の問題があります。

●コットンに求められる持続可能性①

世界的に、サステナブル・コットンと呼ばれるのは**オーガニックコットン**＊になります。Tシャツを1枚作るために使用する水の量は約243リットル。自然環境の保全や栽培に携わる人にとって安全で優しい綿製品ということで、積極的に世界的に広がりつつあり

用語解説

＊**オーガニックコットン**　有機栽培と呼ばれる栽培方法によって生産されます。有機栽培では、天然の肥料や虫除け剤、雑草防止剤などを使用して、環境にやさしい農業を行います。このような栽培方法によって、土壌や水源の汚染を抑えることができ、また、農薬や化学肥料による健康被害も防止することができます。

ます。着る人にとってはオーガニックも普通栽培のコットンも肌へのやさしさ等は同じです。現在生産されている全コットンの内オーガニックの割合は1％にも満たない状況です。コットンを生産するという面だけで考えれば、改善の余地は大いにあるということです（生産過程での時間やコストの問題を別にして）。

●コットンに求められる持続可能性②

以前からあるリサイクルコットンは、紡績段階で糸を撚るときに落ちてしまった綿を使って、再度糸を撚って再利用するものでした。

それとは違い、ウールには反毛（はんもう）というリサイクル技術が古くからあり、その技術をコットンに応用します。廃棄衣料や生地、裁断クズを細かく裁断して、ワタ状態（反毛）になった繊維に。強度を担保するためバージンコットン（新しい綿）を混ぜ、リサイクルコットンとして加工します。そのために繊維系商社やアパレル企業が廃棄衣料等の回収を推進し、再製品化し**アップサイクルコットンプロジェクト**＊として稼働しています。

世界の主要繊維の生産

	全繊維	化学繊維			綿	羊毛	絹
			合繊	セルロース			
2013	86,768	54,165	54,368	4,796	26,280	1,163	160
2014	89,484	61,962	56,994	4,968	26,200	1,144	178
2015	86,144	63,305	58,164	5,141	21,480	1,157	202
2016	89,915	65,572	60,131	5,441	22,990	1,160	193
2017	94,771	67,994	62,409	5,585	25,430	1,163	184
17/16（%）	5.4	3.7	3.8	2.6	10.6	0.3	-4.5
構成比（%）	100.0	71.7	65.9	5.9	26.8	1.2	0.2

日本化学繊維協会推定　　綿、羊毛は季節年度

用語解説

＊**アップサイクルコットンプロジェクト**　このプロジェクトは“使い捨てではなく循環する洋服を”という考えのもと、タキヒヨーとタッグを組んで循環システム“ノーウエイスト（NO WASTE）”を採用。同システムはアパレル生産時の生地の裁断くずを粉砕して繊維に戻し、再び糸や生地に再生する仕組みです。

4 ファッションとサステナブルの親和性2

繊維製品の半分以上が石油を原料としたポリエステルに依存しているのがファッション業界です。そのリサイクル方法と代替素材の開発が、SDGsへの取り組みを加速する大きな手段になります。

●リサイクルポリエステルとは?

リサイクルポリエステルには、マテリアルリサイクルとケミカルリサイクルの2種類あります。マテリアルリサイクルは、回収ペットボトルを粉砕、フレーク化、溶解して、品質が均一化された粒状ポリエステル樹脂を生成。最後に紡糸工場で糸状の繊維に加工します。元のペットボトルの状態によって品質差が出てしまうデメリットがあります。

ケミカルは、断裁されたクズや廃棄処分用の衣料品を化学的に分子レベルの最小単位まで分解してから、糸状の繊維に加工したものです。それゆえに、バージンポリエステル(新品のポリエステル)と同等の機能性を持っている繊維といえます。

●代替素材PLA=ポリ乳酸繊維とは?

ポリ乳酸は、植物由来のでんぷんや糖を原料とし、化学的な工程を経て製造された**バイオマスプラスチック***です。原料となる植物は毎年収穫ができるため、サステナブル社会実現に貢献する材料として期待されています。使用後は**コンポスト***や土中の水分と温度が適度な環境下で加水分解が促進され、その後、微生物による分解=生分解が進行し、最終的にCO_2と水に完全に分解します。

用語解説

＊**バイオマスプラスチック**　バイオマスを原料としたプラスチックのことです。これまでプラスチックは、再生がほぼ不可能な石油などの化石資源より作られていましたが、バイオマスであれば、長くても数十年の期間内に再生が可能です。

●燃焼時のCO_2排出量の低レベル化を実現

ポリ乳酸の燃焼時のCO_2排出量は、ポリエステルと比べると半分近くに抑えられています。さらに、原料である植物の成長時には大気中からCO_2を吸収するので、地球温暖化防止へ貢献しているといえます。

世界的には、人口増加傾向がしばらく続くと言われています。現状、一気にポリエステルから**ポリ乳酸**のような代替素材に替えることは厳しいと思います。そう考えると、新しいポリエステルを作り続けることよりも、廃棄処分をすることなく、リサイクルして使いまわす意識を高めることが世界中の課題です。

各社のポリエステル対策事例

※ WWD2022. 4.25 号から

メーカー名	製品名	原料
ユニチカ	TERRAMAC	PLA ポリ乳酸
帝人	ECOPET	マテリアルリサイクル
蝶理	ECO BLUE	ペット原料リサイクル
東レ	ポリ乳酸	ペット原料リサイクル
伊藤忠商事	RENU	廃棄処分衣料、残反、

その他、スタートアップ企業のバイオワークスや化学商品商社のハイケムがPLA開発に力を入れています。

燃焼時に樹脂1gから排出されるCO_2排出量（化学構造からの計算値）

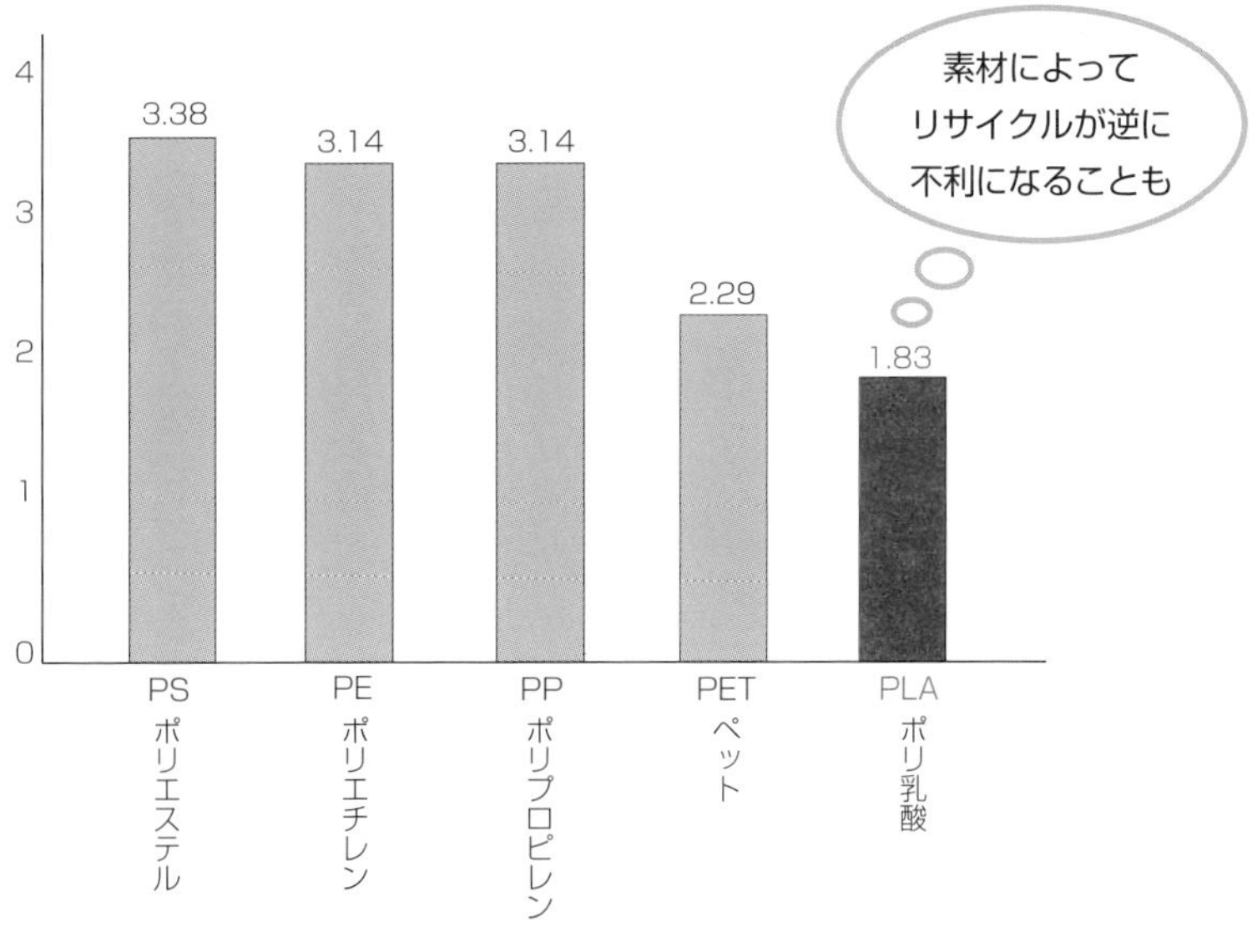

用語解説

＊**コンポスト**　コンポストとは「堆肥（compost）」や「堆肥をつくる容器（composter）」のことです。有機物を、微生物の働きを活用して発酵・分解させることです。昔から伝承されてきた日本の大切な知恵のひとつです。

5 ファッションとサステナブルの親和性3

ポリエステルとコットン以外では、古くから反毛によるウールリサイクルやフェイクファー、合成皮革、人工皮革という代替素材で環境に配慮していたファッション業界。さらに進化を続けています。

●反毛といわれるリサイクルウール

反毛（はんもう）繊維とは、余った糸やクズ繊維、又は古着をばらして、ワタに戻して、そこから糸を作り直した素材です。**世界3大毛織物産地***である尾州（愛知県三河地方）の紡績では、昔から「毛七（けしち）」という表現で古着や裁断くずを再利用していました。再生した毛を70%、その他の繊維を30%、70：30の割合で2種類のワタを混ぜて紡績して、再利用する混紡糸が古くから伝えられて来ています。

用途としては、カーペットの下に敷くフェルトや断熱材、車の緩衝材や吸音材、ぬいぐるみのワタ等いろいろなものに作り直されていました。繊維専門商社の瀧定名古屋では、尾州の技術を駆使して、過去にない**リサイクルウール**のRE：NEWOOL（リニュール）を開発。小ロット生産で無駄を抑えられ、安定した物性を持ち、ファッション性の高いリサイクルウールとして提案しています。また、業界的には、最近はコットンをリサイクルする流れが主流になりつつあります。

●動物愛護と経済性のフェイクレザー

フェイクレザーとは、本物の革製品ではなく、基布（きふ）または基材と言われる生地のベースとなる素材にPU（ポリウレタン樹脂）やPVC（塩化ビニール樹脂）を浸み込ませたり、またはコーティングして、型押し等の加工をして外観や触感を本物の皮革風にした製品を言います。合成皮革や人工皮革があり、動物愛護という目的には叶っていますが、生分解性は低

用語解説

***世界3大毛織物産地**　世界三大毛織物産地は、次の通りです。イギリスのハダースフィールド（Huddersfield）地域、イタリアのビエッラ（Biella）地域、日本の愛知県三河地域です。

いために、環境に優しいとは言えません。
合成皮革と人工皮革の違いは、家庭用品品質表示法で、次のように表現されます。

・**合成皮革**
基布に特殊不織布以外のものを用いたもの。（いわゆる布地、編地といわれる生地）

・**人工皮革**
基布に特殊不織布を用いたもの。（繊維をシート状に絡めたり、ワタ状にして圧縮したもの）

●人工タンパク質からフェイクレザー

スパイバー株式会社の開発するBrewed Protein（ブリュード・プロテイン）は、植物由来の原料をもとに**微生物発酵（brewing）**というプロセスを経てつくられます。タンパク質から長繊維、短繊維を製造して、異なる加工を繰り返し、各種織生地、ニット生地、デニム、フリース、ファーオルタナティブ、レザーオルタナティブ等のタンパク質素材ならではの新しい生地開発をしています。

合成皮革と人工皮革の構造比較

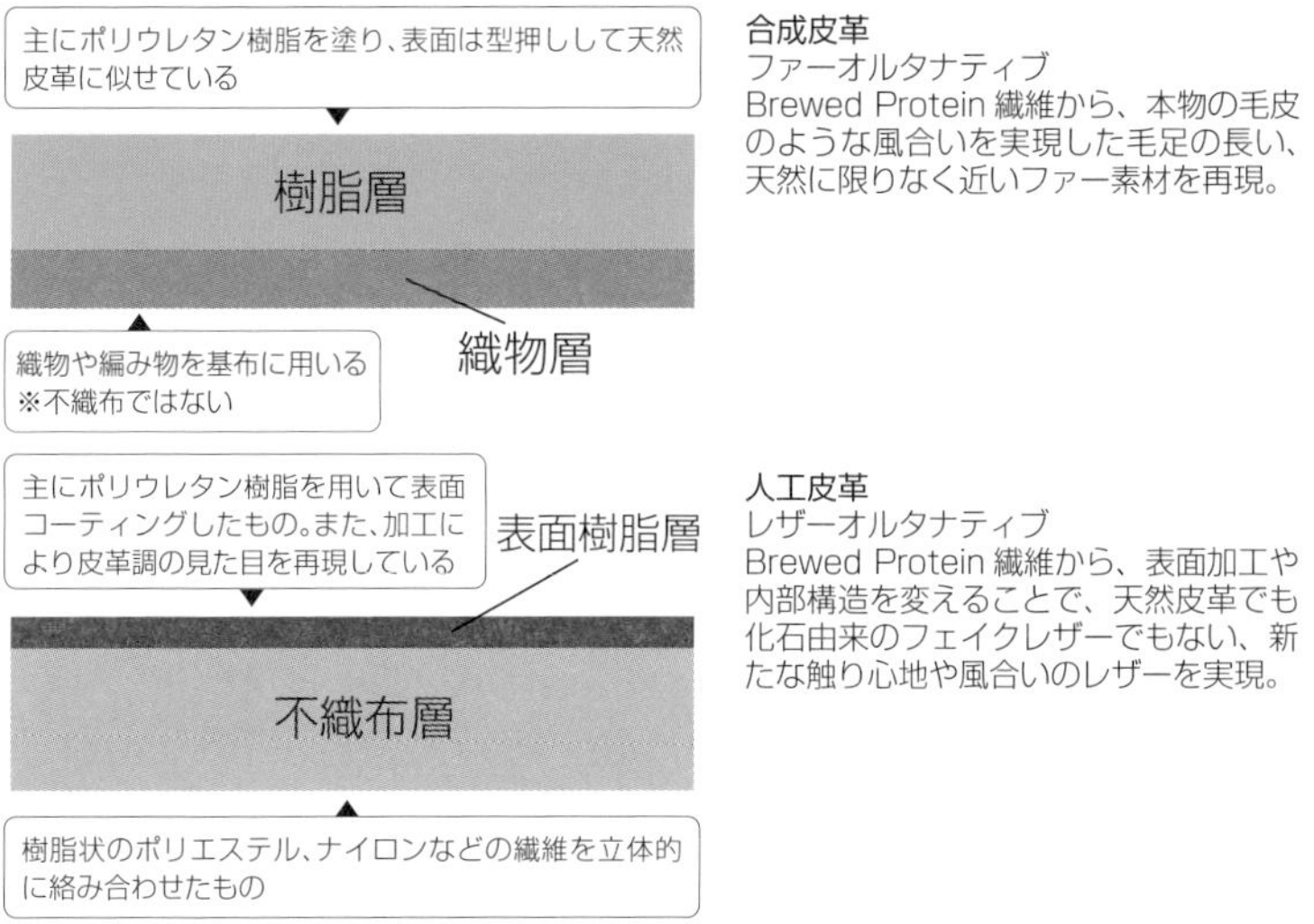

合成皮革

Brewed Protein 繊維から、本物の毛皮のような風合いを実現した毛足の長い、天然に限りなく近いファー素材を再現。

Brewed Protein 繊維から、表面加工や内部構造を変えることで、天然皮革でも化石由来のフェイクレザーでもない、新たな触り心地や風合いのレザーを実現。

ワンポイントコラム

【Brewed Protein繊維の主な原材料】　微生物の栄養源には、サトウキビやトウモロコシといった再生可能なバイオマスに由来する糖類を使用。エクセーヌ®／GSフェルトは、ポリエステル極細繊維の不織布にポリウレタン樹脂を含浸した東レ独自の工業材料です。

6-4 ファッションとサステナブルの親和性

サブスクリプションというサービスは、動画や映像配信、車などで広く利用されています。ファッション分野においては、2015年頃から始まり、SDGsとの親和性の高さでも広まりつつあります。

●サブスクとSDGsの親和性とは？

今までの消費行動は、ファッションに限らず、新しいモノを購入して、自ら所有することに喜びや満足感を得ていました。それとは違い、**サブスク***は消費者がモノを所有することなく、ある一定期間で使用する権利を持つことです。

また、事業者にとっても、会員の利用の有無にかかわらず、月額会員費が安定した収益となるために、事業の継続性を見込むことができます。

●ファッションとサブスクの親和性

もとから、ファッションに興味があるという人の多くは、新しいモノが好き、変化が好きといえます。毎シーズン変わるファッションを身に着け、次のシーズンには廃棄か、捨てるのは忍びないゆえにタンスの中があふれています。

逆に、ファッションに興味のない人は、毎シーズン何を着たらよいのか迷ってしまい、購入したのは良いけど、結局いつものパターンで収まってしまい、同じようなモノばかりがタンスの中という無限ループへ。

サブスクを利用した場合の両者へのメリットは、ファッション好きには、常に新しいものに触れることができ、廃棄といった気が引ける行動をしないでもすみます。ファッションに不得意な人には、服を選ぶという悩み、購入するという手間が省ける。自分では選ぶことがない服装にチャレンジできる、などの思いがけないメリットがあります。

用語解説

＊**サブスク**　サブスクリプション（Subscription）の略称で、定期的にサービスや商品を提供し、それに対してユーザーが定期的に料金を支払うビジネスモデルのことです。

●ファッションレンタルの様々なスタイル

ファッションレンタルでは国内最大級で先駆けでもあるエアークローゼット。2020年12月に45万人、21年6月には55万人、22年9月には80万人が会員として利用しています。300ブランド、30万着の商品、XS〜3Lのサイズ展開、料金プラスでブランド指定やスタイリスト指名など様々なサービスが設定されています。

百貨店発のサブスク参入として話題になった大丸松坂屋の運営するアナザーアドレス。2021年4月の開始段階で有料会員500名程度でのスタートを予定していたのが、実際は5000人が殺到。22年9月段階で、15000人。会員登録も約2週間待ちという状況です。

その他、ストライプインターナショナルの自社商品のみをレンタルするメチャカリ、バッグだけに特化したラクサス等、各社からそれぞれ特徴のあるサブスクサービスがあります。

日本国内のファッション系サブスク

サブスク名	会員数	レンタル枚数	レンタル回数	月額会費	セレクト
エアクロゼット	80万人	3枚	月1回	7480	プロスタイリスト
			何度でも	10780	
ラクサス	46万人	制限なし（交換次第）	何度でも	7480	自分で選ぶ
メチャカリ	非公開	3枚	何度でも	6380	自分で選ぶ
ストライプインターナショナル運営	3万人（2019年12月）				
アールカワイイ	28万人	3枚	何度でも	9980	プロスタイリスト
ユーウェア	非公開	4枚	月一回	6800	プロスタイリスト
アナザーアドレス	1万5千人	3枚	月1回	11880	自分で選ぶ

会員数は 2022 年 9 月時点　プランは他社と比較しやすいプランを選出

7 学校制服も本格的にジェンダーレス化へ

ファッション業界で性別に関係なく着ることのできるジェンダーレスファッションが、多くの著名デザイナーから提案されています。この潮流は、学校の制服でも全国で採用される動きになってきています。

●多様性の理解に向けての取り組み

近年の全国的な動きとして、各学校で「多様性に対応する制服の在り方」が問われるようになってきています。多様性への理解が、制服改定の主な理由になっています。制服メーカーと採用する学校は、次のように性の多様性に対応し、すべての生徒にとって着心地と心地（気持ち）が良いものを提供します。

①選択肢を増やすこと

性別でアイテムを絞らず、選択の幅を広げ、男女兼用できるブレザーやブルゾンタイプの制服の採用。スカートのみだった女子制服にスラックスタイプの導入等。ジャケット、ボトム、ネクタイ・リボンの組み合わせで、選択肢を増やして学校生活を送る上の不安を解消できるデザインが増えています。

②多様な性を受け入れるための環境づくり

LGBTQ＊講演会・勉強会の開催。学校全体でLGBTQについて理解をしてもらうために、例えば、学生服メーカーのトンボは、生徒・保護者や先生を対象にLGBTQアドバイザーによる講演会を開催しています。「学校現場におけるLGBTQの課題と対策」「実際にLGBTQに取り組んでいる学校の事情」等の内容です。

●ジェンダーレス制服を検討するにあたって

トランスジェンダーの生徒の精神的負担をなくし、それ以外の生徒も満足して着用できる制服であるこ

用語解説

＊**LGBTQ**　Lesbian（レズビアン）、Gay（ゲイ）、Bisexual（バイセクシャル）、Transgender（トランスジェンダー）、Queer（クィア）の頭文字を取って、性的少数者や性的マイノリティを指す言葉です。ようやく日本でも市民権が得られる方向に向かい始めています。

とが望ましいといえます。あまりに**ジェンダーレス**＊や多様性ということを主張し過ぎてしまい、当事者にとって、うっとうしいモノとなってしまっては本末転倒です。その点、女子のスラックスタイプのボトムス対応は、夏は日焼け防止、冬は防寒対策にと、実用面でも好評のようです。

●ユニクロ、ついに高校制服に採用へ

自宅で洗濯できて、性差にとらわれないジェンダーレス、価格も5分の1に抑えられる！2021年に掲載された新聞の見出しです。コロナ禍で経済的に厳しい家庭もあり、さいたま市立大宮北高校は「時代に合った新しい選択肢を示したい」として、令和4年春の入学者からユニクロの制服を採用しています。素材はポリエステル素材などで伸縮性が高く、自宅の洗濯機でも洗えます。ジェンダーレスとSDGsに配慮し提案で好評です。

「LGBTQ」の生徒・児童への服装の配慮として良いと思うスタイル

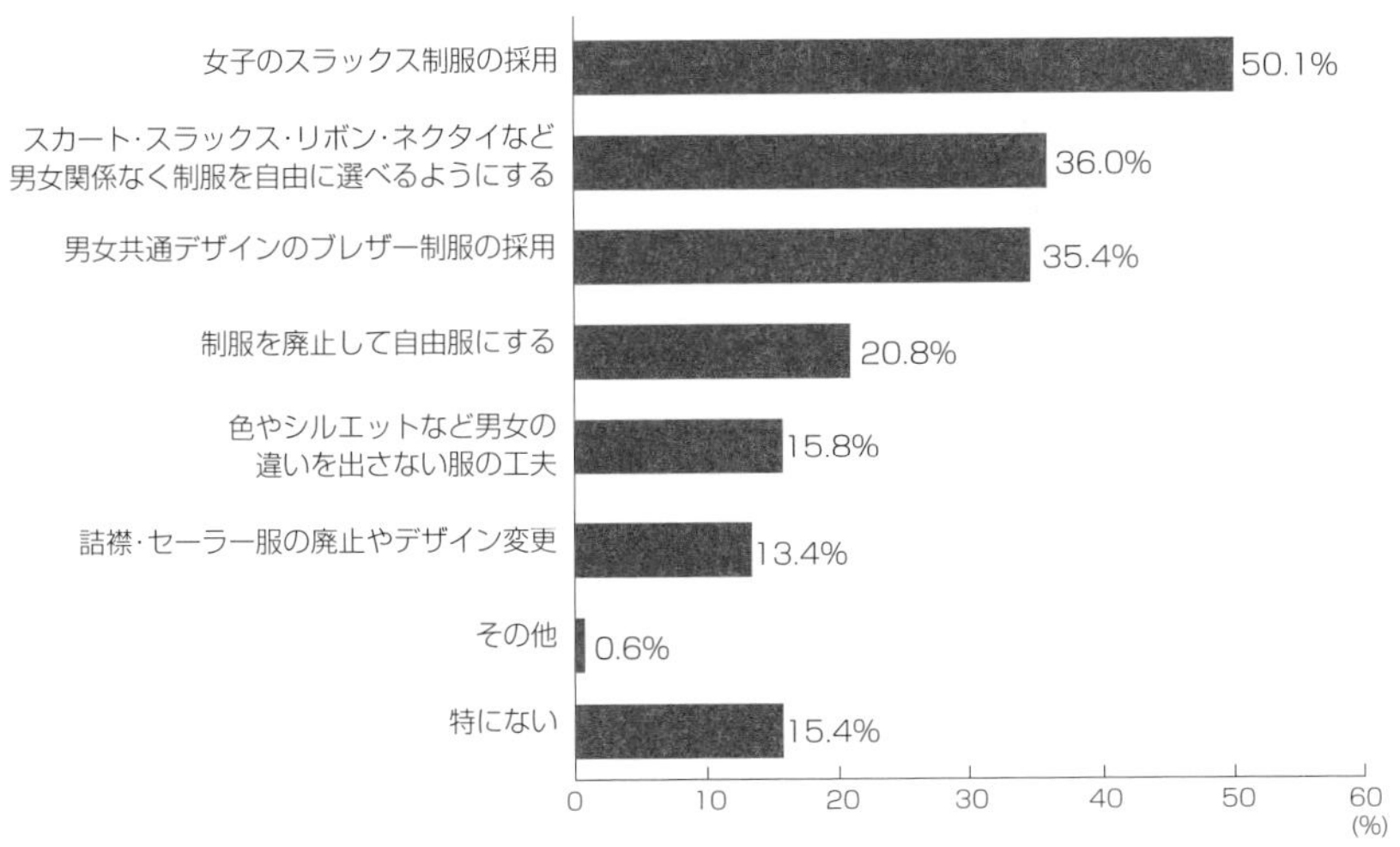

用語解説

＊**ジェンダーレス**　性別を区別しないことを意味します。これは、男性や女性といった従来の性別の概念に囚われず、個人が自由に性別を選択し、自己表現することを目指す考え方です。

column

基準値を上回る日本のモノ作り

ファッション産業を担う各アパレルメーカーや、卸売業、小売業各社から持ち込まれる製品化前の生地見本に対して、色落ち（染色堅牢度）や、伸び縮み（寸法変化率）、ピリング（毛玉）等への試験対応、また、製品化されたモノへの針の混入（検針機）検査の実施等の各種対応をしているのが第三者試験・検査機関といわれています。

近年はアパレル製品の有害物質に対する世界的な規制強化から、生産現場も試験機関も気を緩めることはできません。ここで、第６章２の下表「国別有害物質規制比較概要」を見て、不思議に思われた方も多いと思います。代表的な６地域の中で、日本国内の規制がアメリカに次いで異様に少ないことがわかります。

初めてこの表を目にしたときは、「日本の規制は国内産業に甘すぎだろう」と思ってしまいました。ところが、国内事情を理解すると十分に納得ができました。日本国内で生産されるもの、生地であれ、製品であれ、厳しい規制基準を設けなくても、最初から各企業の製造段階における自主規制で、厳しい基準値を設定して製造していたということです。

一例ですが、表中にあるエコテックススタンダードという、世界で最も厳しい規制基準が、もともとユニクロのベビー服に採用されていました。ところが今は採用されていません。理由として、今は社内で設けている自主基準がエコテックスと同等、もしくはさらに厳しい基準を採用しているからです。同様の事例は日本国内の他社にも多く見られる事です。

人に優しい安全な生地、デリケートでソフトな風合いの商品等。日本が世界に誇れるモノはまだまだたくさんあります。SDGsへの取組を機に世界的な飛躍が待っています。

おわりに

最後までお読みいただきありがとうございます。この本のメッセージとして、日本国内のファッション業界は、10年後には大きな変革を遂げることを予想してます。

環境保護への関心が高まっているため、多くのファッション企業が持続可能性に取り組むことが必要となるのは間違いありません。10年後には、再利用可能な素材を使用することが主流となり、ファッションの生産過程における環境負荷を削減するための技術がさらに進化している可能性は否定できません。

さらに、より多くのお客様がオンラインショッピングを利用するようになると予想されます。これにより、リアル店舗の需要が低下し、店舗の数が減少する可能性も出てくると予想しています。一方、インターネットにおけるオンラインショッピングの普及に伴い、各個人に特化したファッションアイテムや、購入履歴に基づく提案が増えるでしょう。

次に、AI技術はますます進化しており、AIがファッション業界においてますます重要な役割を果たすことと予想します。たとえば、AIによる生産管理、デザインの自動化、カスタマーサポートなどはチャットボッド系のサービスにとって代わるかもしれません。

最後に、日本のファッションブランドは、世界市場での競争力を高める必要があると考えています。10年後には、海外市場への進出がますます進むかもしれませんが、それまでには、ブランド力を高めていかなければならないと思います。

以上の変化は、日本国内のファッション業界に大きな影響を与える可能性がありますが、激動の現代は何が起きても不思議ではない状況であることも確かです。よって、このメッセージは、あくまでも本書の希望的な解釈も入っています。それを踏まえた上で、本書がファッション業界の発展に微力ながらでも一助となれば幸甚です。

秀和システム編集部

索　引

INDEX

さ行

あ行

か行

は行

た行・な行

英字

ま行・や行

ら行・わ行

●著者紹介

大枝　勝（おおなぎ　まさる）

株式会社ムービングオフィス代表取締役・ファッションコラムニスト

青山学院大学卒業後、婦人服小売業レリアンに入社。営業部へ配属となり売上アップのためのマネジメントに実力を発揮。在職中に4営業部すべてに配属される。この時に日本全国のマーケットを理解。商品企画部では当時の仕入れ総額950億円の内600億円のバイヤー兼MD課長として活躍。モノ作りの楽しさ、難しさを学ぶ。販促宣伝部長として、30年ぶりのTVCM制作に女優の天海祐希さんを起用。ブランドの若返りに成功し次世代顧客の囲い込みと約108%の売上増に成功。新たなブランディングを確立。システム情報部長時には、50万人の顧客データをベースにした売上基幹システムを確立。店舗支援機能を稼働させる。出版を機に独立、起業。同時に、一般財団法人ニッセンケン品質評価センターに広報兼職員研修担当者として就任。
現在は、杉野服飾大学非常勤講師として服飾学科、表現学科、短大で6教科を担当。また、IFI（ファッション産業人材育成機構）の派遣講師として青山学院、都立大学、横浜市立大学等で毎年教鞭をとる。企業セミナーとして日本経営合理化協会、日産自動車グローバル本社、富士ゼロックス、MORIパーソナルクリエイツ、日本美容技術振興センター、中小企業診断士ファッションビジネス研究会等各所で集客・販売・リーダーシップ等の講演実績を多数持つ。

著書は、「商品よりも『あと味』を先に売りなさい」（日本実業出版社）、「商品よりも『あと味』を先に売りなさい」台湾版出版、「言葉の選択」「超一流の言い訳」（秀和システム社）。その他、週刊東洋経済、ダイヤモンドチェーンストアでも執筆。特に東洋経済オンラインでは平均100万PV以上の記録を持つ記事を多数執筆。

※参考文献は当社ウェブサイトのサポートページに掲載しています。

■イラスト
近藤妙子（nacell）

図解入門業界研究《ずかいにゅうもんぎょうかいけんきゅう》

最新《さいしん》ファッション業界《ぎょうかい》の動向《どうこう》が
よ〜くわかる本《ほん》

発行日　2023年 5月25日　　第1版第1刷

著　者　大极《おおなぎ》　勝《まさる》

発行者　斉藤　和邦
発行所　株式会社　秀和システム
〒135-0016
東京都江東区東陽2-4-2　新宮ビル2F
Tel 03-6264-3105（販売）Fax 03-6264-3094
印刷所　三松堂印刷株式会社　　Printed in Japan

ISBN978-4-7980-6740-7 C0033

定価はカバーに表示してあります。

乱丁本・落丁本はお取りかえいたします。

本書に関するご質問については、ご質問の内容と住所、氏名、電話番号を明記のうえ、当社編集部宛FAXまたは書面にてお送りください。お電話によるご質問は受け付けておりませんのであらかじめご了承ください。